Conselho Acadêmico
Ataliba Teixeira de Castilho
Carlos Eduardo Lins da Silva
Carlos Fico
Jaime Cordeiro
José Luiz Fiorin
Tania Regina de Luca

Proibida a reprodução total ou parcial em qualquer mídia
sem a autorização escrita da editora.
Os infratores estão sujeitos às penas da lei.

A Editora não é responsável pelo conteúdo deste livro.
O Autor conhece os fatos narrados, pelos quais é responsável,
assim como se responsabiliza pelos juízos emitidos.

Consulte nosso catálogo completo e últimos lançamentos em **www.editoracontexto.com.br**.

André C. R. Martins

Nossas falhas de raciocínio

Ferramentas para pensar melhor

Copyright © 2023 do Autor

Todos os direitos desta edição reservados à
Editora Contexto (Editora Pinsky Ltda.)

Montagem de capa e diagramação
Gustavo S. Vilas Boas

Preparação de textos
Lilian Aquino

Revisão
Fernanda Guerriero Antunes

Dados Internacionais de Catalogação na Publicação (CIP)

Martins, André C. R.
Nossas falhas de raciocínio : ferramentas para pensar melhor / André C. R. Martins. – São Paulo : Contexto, 2023.
176 p.

Bibliografia
ISBN 978-65-5541-270-3

1. Raciocínio 2. Aprendizagem 3. Lógica 4. Metodologia
I. Título

23-2053   CDD 153

Angélica Ilacqua – Bibliotecária – CRB-8/7057

Índice para catálogo sistemático:
1. Processos mentais

2023

EDITORA CONTEXTO
Diretor editorial: *Jaime Pinsky*

Rua Dr. José Elias, 520 – Alto da Lapa
05083-030 – São Paulo – SP
PABX: (11) 3832 5838
contato@editoracontexto.com.br
www.editoracontexto.com.br

Este livro é dedicado à Cristiane.

Sumário

Prefácio	9
Introdução	13
Escolhas e não escolhas	21
O que é saber?	25
Os erros de nossos cérebros	27
Pensando em multidões	33
Eu tenho certeza que estou certo	41
Por que erramos?	47
Grupos e erros	55
Bolhas, redes e confirmações	63
Os culpados são eles!	71
Eu quero ter certeza!	75
Nossas histórias e o mundo	85
Tudo é incerto	93
Faça a pergunta certa	101
Caça aos erros	107
Escolhas e opiniões livres	111
Conhece-te a ti mesmo	117
Decidindo	121
Procurando todas as respostas possíveis	129
Especialistas e pseudociências	135
Confiar em quem?	145
Conversas difíceis	157
Conclusão	165
Notas	171
Bibliografia comentada	173
O autor	175

Prefácio ▪

Há informações que conhecemos bem. Sabemos onde moramos, como nos deslocar pela cidade e pela casa onde vivemos, que um prédio costuma ser mais alto que uma casa. Esse tipo de informação aprendida pela observação no dia a dia é algo com que lidamos bem. A menos em casos de doenças mentais ou em situações construídas para enganar nossos sentidos, como apresentações de mágica, somos bastante competentes em identificar o que está acontecendo e aprender o que está ao nosso redor. Reconhecemos pessoas, entendemos o que nos dizem, identificamos várias situações de perigo. Nosso aparato básico de sobrevivência é muito eficiente.

Mas há questões que não fazem parte de nossa experiência diária. Algumas questões em ciências dizem respeito a objetos tão pequenos ou tão grandes que estão completamente fora de qualquer experiência direta que jamais teremos. Nós não convivemos diretamente com átomos ou galáxias, por exemplo. Em outros casos, podemos estar interessados em problemas sutis, influências difíceis de serem observadas. Há problemas com tantas causas e efeitos que não é possível entender de fato o que está acontecendo pela observação apenas, pois não temos informação suficiente. E em outros casos, se temos observações demais, logo nossas mentes começam a esquecer as coisas e podemos não perceber padrões existentes, além de enxergarmos padrões onde não existem e o que observamos é apenas ruído, causado por chances aleatórias.

Para esse tipo de situação, nós, seres humanos, criamos ferramentas que nos ajudam a entender e resumir o que está acontecendo. Temos métodos para fazer ciência, sabemos como medir fenômenos e influências sutis. Sabemos também por que várias vezes nossa percepção nos engana. E temos muitas ferramentas para evitar sermos enganados. Desde receitas sobre como preparar um experimento ou uma observação até técnicas de apresentação de um conjunto enorme de dados e gráficos e medidas de resumo mais compreensíveis. Conforme avançamos pelos milênios, nós aprendemos muito. Mapeamos muitos erros que cometemos naturalmente, testamos ideias que pareciam boas até verificar que há outras melhores. Aprendemos muito e continuamos a aprender.

Tradicionalmente, quando ensinamos metodologia, assumimos que o leitor já aceita que é necessário conhecer esses métodos. Que o leitor entende que há o que aprender, que é necessário conhecer ferramentas e que, sem elas, nós naturalmente erramos. Mas a maioria de nós não sabe disso. Nós costumamos confiar na historinha de que seríamos animais racionais, de que nossas opiniões seriam baseadas no que sabemos, em informações sólidas e análises corretas. Acreditamos que aquilo que sentimos é verdade porque confiamos que raciocinamos bem. Mas não é bem assim. Somos, sim, capazes de raciocinar corretamente, mas, com frequência, não o fazemos. Deveríamos raciocinar para encontrar a melhor resposta. Mas somos levados pelas nossas emoções, influenciados por nossos desejos e medos. E procuramos razões para apoiar nossas escolhas depois, racionalizando quando deveríamos raciocinar. Hoje, já aprendemos bastante sobre como nossas mentes trabalham. Conhecemos nossos erros e, em alguns casos, os porquês deles. Mas, para raciocinarmos de forma mais sólida, precisamos não apenas aprender sobre quando erramos, mas também descobrir o que precisamos saber para corrigir nossos erros.

Este livro tem o objetivo de juntar essas duas questões. Ele serve como um primeiro encontro com o problema do conhecimento. Nós poderíamos começar a discussão com questões a respeito do que significa saber algo sobre o mundo. E poderíamos nos aprofundar e gastar muito tempo nesse problema. Mas vamos partir logo para um desvio para explorar os limites de nossa capacidade. Nós, humanos, conseguimos realizar muito. Mas não fomos tão longe porque somos grandes gênios. Ao contrário, nós somos falhos, e muito. Mas somos realmente bons em criar ferramentas. E muitas de nossas ferramentas, que podemos aprender e utilizar de forma muito competente, nos dizem como raciocinar melhor. Nós precisamos delas para corrigir nosso falho raciocínio natural. Mas, em geral, não percebemos a necessidade dessas ferramentas. Aceitamos bem nossas ferramentas para os demais aspectos da vida. Carros nos levam mais rápido do que podemos correr, aviões permitem que voemos, remédios nos fazem viver mais tempo, óculos e televisões nos deixam ver melhor e mais longe. É mais que tempo de aceitar que nosso raciocínio também é limitado. Mas que, com o auxílio de várias ferramentas, podemos, sim, realizar muito mais do que faríamos naturalmente. Ou seja, precisamos aprender nossos limites e quais são esses métodos que nos permitem ir muito além de nossas habilidades naturais. E, com isso, poderemos raciocinar de forma muito mais correta.

Sendo assim, eu diria que este é um livro de pré-metodologia. Ele vem antes de cursos padrão de metodologia. Nos cursos sobre prática e métodos científicos, ele deveria ser usado antes da discussão de como fazer certo. O que eu discuto aqui, afinal, é por que precisamos aprender o que é certo. Vamos além, claro. Depois de conversar sobre nossos erros, por que e quando acontecem, vou também apresentar as linhas gerais das primeiras respostas sobre nossas técnicas. Mas sem entrar em detalhes. O objetivo é saber o que são e para que servem os métodos lógicos e a ciência. E entender por que incerteza e a busca incessante de erros são elementos centrais. Podemos nunca descobrir como o mundo realmente é, mas sabemos identificar, sim, muitos erros e, ao menos, aprender como ele não é.

Como uma obra de introdução, a ideia é abordar os conceitos gerais. Falo de incerteza e probabilidades, mas sem resolver problemas matemáticos. Estamos interessados aqui em compreender o que são essas ferramentas. Passo por alguns conceitos de filosofia, claro, conforme eles são necessários. O objetivo é apresentar a estudantes que se tornarão pesquisadores o quanto há para se aprender.

E, sendo um texto básico, ele serve também para leigos em geral. Pessoas interessadas em ter opiniões menos erradas têm muito o que aprender aqui. Discuto por que acreditamos tanto em ideias muito erradas e por que nos apegamos a essas ideias. Conseguir debater com outras pessoas de quem discordamos, sem que esse debate se torne apenas uma troca de insultos, exige reconhecer tanto em nós mesmos quanto nos outros os mecanismos pelos quais temos opiniões tão arraigadas. Exige entender quais opiniões são, de fato, um direito básico, opiniões que podemos querer defender até o fim, e quais de nossas opiniões são afirmações sobre problemas que não controlamos, situações em que podemos apenas aprender como as coisas realmente são, gostemos ou não das respostas.

Como veremos, há um primeiro inimigo do nosso aprendizado, um inimigo com o qual precisamos tomar muito cuidado. Ele nos engana, tenta nos fazer seguir ideias que podem estar erradas. Mas é um inimigo do qual não podemos nos livrar, pois é nosso próprio cérebro. Ao contrário, precisamos dele nessa luta. Mas ele precisa ser treinado e domesticado para podermos confiar, ao menos parcialmente, no que ele tenta nos dizer. Nós somos a primeira pessoa de cujas opiniões deveríamos desconfiar fortemente.

Introdução ∎

    Opiniões, as mais diversas, sobre todos os assuntos, são fáceis de encontrar. Por vezes, muitas pessoas dizem que, para uma determinada pergunta, nós já sabemos a resposta e não há muito mais a se procurar. E, ainda assim, se nós investigarmos um pouco, costuma ser fácil encontrar quem afirme exatamente o contrário. E, frequentemente, afirme o contrário mostrando ter bastante certeza sobre o que diz. Nesses casos, sabemos que ao menos um dos lados deve estar errado. Mas pode ser difícil para um leigo tentar adivinhar quem estaria correto. Para responder a esse tipo de pergunta, já criamos muitas ferramentas e métodos. Um cientista diria que basta seguir os métodos já bem estabelecidos e, dessa forma, encontraremos as respostas corretas. Ou, ao menos, chegaremos o mais próximo de respostas corretas que podemos chegar com as informações que temos hoje.

    Quando ensinamos os princípios básicos de metodologia a estudantes que encontram seus primeiros problemas de pesquisa, em geral, apresentamos as técnicas mais comuns nas disciplinas de nossas especialidades. E, frequentemente, ignoramos os detalhes de como a ciência é feita em outras áreas. Ainda assim, essa informação inicial, embora incompleta, costuma ser bastante útil. Mas há uma questão mais fundamental que costuma não ser mencionada. Nós assumimos que é óbvio que aprender metodologia é necessário, que precisamos dessas ferramentas. E, no entanto, as pessoas chegam a conclusões mesmo sem seguir quaisquer recomendações metodológicas.

    Resta perguntar por que deveríamos confiar mais nas respostas que obtemos seguindo os métodos da ciência do que nos palpites e nas ideias que encontramos de outros modos. Ou, dito de outra forma, mas que pode ser mais precisa, por que devemos desconfiar de conclusões que não sigam essas recomendações? Por que podemos dizer que sabemos que vacinas são seguras, que astrologia não funciona e que a evolução das espécies é real? Certamente há muitas pessoas que discordam de cada uma dessas afirmações. Se formos discutir cada um desses temas, vamos observar que esses podem ser assuntos bem controversos. E, ainda assim, nossos melhores cientistas vão dizer que, nessas perguntas específicas, não restam muitas dúvidas. Há, sim, outros problemas, em outras áreas da ciência, em que há muitas perguntas cujas respostas não conhecemos. Mas podemos com quase toda certeza ser assertivos em determinadas questões. Somos particularmente bons em concluir que há certas ideias que simplesmente estão erradas. Essa certeza vem de seguir os melhores métodos e ferramentas de raciocínio e análise. Mas nós não somos racionais? Não seríamos capazes de encontrar boas respostas mesmo sem essas ferramentas?

Neste livro, veremos que, de fato, ainda que nossos cérebros sejam muito competentes para alguns problemas específicos, eles falham de várias formas. E isso é especialmente verdadeiro quando lidamos com problemas que não fazem parte do nosso dia a dia, como é o caso da maioria dos problemas científicos. Há importantes questões sobre como pensamos e sobre como nos influenciamos que precisamos aprender para entender por que não podemos confiar em nosso raciocínio natural. Além disso, vale muito a pena entender como nossas melhores ferramentas funcionam e como estão organizadas, antes mesmo de começarmos a utilizá-las. E é isso que faremos aqui.

* * *

Todos nós já discutimos assuntos controversos. E, mesmo quando outras pessoas discordaram de nós, tínhamos certeza de estarmos certos. Dependendo do assunto, um dos lados pode até ter mudado de opinião, talvez convencido pelas evidências. É o que acontece se estivermos falando sobre o tempo, por exemplo. Se uma amiga sua diz que vai chover, você olha para fora e só vê um dia bonito e ensolarado, você pode discordar. Mas, se ela tiver visto uma previsão do tempo confiável, ou tiver enxergado nuvens escuras perto do horizonte que você não viu, é possível que ela conte o porquê de ela achar que vai chover. E, com essa informação nova, talvez você mude de ideia. É possível que mesmo a nova informação não seja suficiente.

Talvez você venha a admitir que há uma chance de chover, mas que, com um dia tão bonito, o mais provável é que nenhuma chuva aconteça. Ainda assim, se você estiver olhando a janela quarenta minutos depois e vir os primeiros pingos, você certamente mudará de ideia. Ia chover, sim, e você estava errado. Numa situação dessas, seria muito estranho se você continuasse a insistir que nenhuma chuva aconteceria naquele dia. Nós mudamos de opinião, em alguns assuntos, facilmente. E informações novas são relevantes, nesses casos. Nessas situações, não nos apegamos a ideias erradas e reconhecemos nossos erros.

Nem toda discussão acontece dessa forma, no entanto. Dependendo do tema, pode até ser extremamente raro observar duas pessoas que, depois de começar uma conversa discordando, venham a encontrar uma resposta comum ao final. Mesmo que mais informação seja adicionada, há tópicos em que a única coisa com a qual concordamos uns com os outros é que não conseguimos concordar. Exemplos desse tipo de situação são fáceis de encontrar. Tomemos os casos de opiniões sobre um político, um sistema econômico ou o que as leis deveriam dizer a respeito do aborto. Nós sabemos que, quando os lados opostos começam a conversar sobre esses temas, consenso não é um resultado que esperamos observar. Muito pelo contrário. Seria surpreendente se, depois de colocar duas pessoas com posições opostas acerca desse tipo de tema em uma sala para conversar por duas horas, uma delas dissesse que mudou de ideia. Não é algo impossível, ao menos em princípio. Mas sabemos que não vai acontecer na grande maioria dos casos. Por isso mesmo, ficaríamos surpresos. E iríamos querer perguntar aos envolvidos o que aconteceu, como isso foi possível, que tipo de informação ou abordagem permitiu que um deles mudasse sua opinião. Seria tão inesperado que seria natural ficar muito curioso sobre como tal mudança pôde acontecer.

E, no entanto, ainda que apenas para alguns casos, nós deveríamos ser capazes de chegar, ainda que com esforço, perto das melhores ideias. Se perguntamos qual conjunto de políticas tem mais chances de proteger o meio ambiente, estamos apenas perguntando sobre como o mundo funciona. Sim, as opiniões podem começar bastante diferentes. Mas nós gostaríamos de viver em um mundo onde as pessoas fossem lentamente aprendendo qual opção funciona melhor. Raciocinando, observando o mundo, corrigindo erros, nós realmente gostaríamos que as pessoas, após algum tempo, tendessem a mudar suas opiniões na direção das melhores respostas. E isso deveria acontecer até em tópicos controversos.

De fato, mudanças assim, ainda que muito raras, acontecem. Um exemplo bastante surpreendente é o caso de Daryl Davis, um pianista negro norte-americano. Um dia, após se apresentar em um bar em Maryland, um homem branco veio conversar com ele sobre seu jeito de tocar. Depois de alguma conversa, o homem admitiu que pertencia à Ku Klux Klan (KKK), grupo racista norte-americano que promove abertamente o ódio aos negros. Inesperadamente, os dois homens se tornaram amigos. O homem branco descobriu, ao conversar com Davis, que muito do que ele pensava sobre negros era simplesmente falso e, então, saiu da KKK. Tal incidente levou Davis a procurar outros membros do grupo racista. Ele simplesmente queria saber por que tanta gente o odiava sem nunca o ter conhecido. Essas conversas, como Davis conta no livro que escreveu sobre seu esforço contra o racismo, levaram dezenas de membros da KKK a abandonar a organização e presentear Davis com as roupas usadas nos rituais como símbolo de suas mudanças. Se um homem negro é capaz de, com paciência e dedicação, levar racistas convictos a abandonar suas crenças, isso quer dizer que existem formas de se conversar e levar as pessoas a mudar de ideia. Não é nada fácil. Mas, ao menos, é possível.

Ainda assim, o exemplo de Davis é claramente uma exceção. Não é a regra. Em geral, em questões das quais nos identificamos com um lado, dificilmente mudamos de opinião. Pequenos ajustes, é claro, acontecem. Mas mudanças radicais, como abandonar todo um ponto de vista, são muito difíceis. As pessoas mantêm sua opinião política, sua religião, até mesmo o time favorito. E o fazem mesmo quando encontram informações que mostram que suas escolhas não são as melhores.

Essa inabilidade de se chegar a um consenso acontece até mesmo em problemas que não estão associados diretamente a debates políticos ou religiosos, em que a evidência pode não ser muito clara. Ela acontece também quando existem evidências mais sólidas, ainda que não tão facilmente observáveis como se está chovendo ou não. Questões sobre o formato da Terra ou a efetividade geral de vacinas são problemas muito bem resolvidos. Debater as opiniões de especialistas contra as de pessoas mal-informadas não ajuda em nada nesses casos. Infelizmente, a informação e os raciocínios que nos permitem dizer que sabemos as respostas nesses dois casos não são de conhecimento de todos. A evidência, nesses dois casos, é certamente mais complicada do que apenas olhar que há água caindo do céu. Ainda assim, as respostas são perfeitamente explicáveis para o público leigo. Exige algum esforço de quem explica e também de quem ouve. Mas é possível a um leigo entender como sabemos que a Terra é redonda e que vacinas funcionam. Poderíamos todos aprender o que está acontecendo e entender como sabemos a resposta, sem muita margem para dúvidas nesses dois casos. No entanto, mesmo não havendo dúvida razoável nesses dois problemas, observamos pessoas que discordam. Vemos várias pessoas procurando desesperadamente por argumentos que sustentem, ao menos para os ouvidos de seus simpatizantes sem acesso à informação de qualidade, os pontos de vista mais estranhos. E as pessoas simplesmente não aceitam que estão erradas.

Ou seja, precisamos começar a discussão antes mesmo de qualquer consideração de método. Precisamos primeiro entender por que necessitamos de ferramentas de raciocínio. E como funcionam as principais ferramentas que criamos para esse trabalho.

* * *

Esse é um problema comum. Pense em afirmações que você realmente acredita estarem certas, ainda que sua crença não seja compartilhada por todos. Ou seja, ideias sobre as quais tem certeza, mas, apesar disso, você conhece quem acredite em uma versão que se opõe a sua. Tanto você quanto essa pessoa concordam em um aspecto ao menos. Um de vocês tem de estar errado, nisso vocês concordam. E vocês também acham que um de vocês está certo, ainda que, em princípio, dependendo do problema, ambos possam estar errados.

Suponha que João e Maria sejam suspeitos de terem cometido um assassinato; José e Ana, dois policiais, discordam sobre qual dos dois é o culpado. José tem certeza de que foi Maria, enquanto Ana está certa de que o assassino é João. Com tais crenças, eles têm certeza de que o outro está errado. E é possível que um deles esteja certo. Mas também é perfeitamente possível que os dois estejam errados. Ou, nesse caso, até mesmo é possível que nenhum esteja errado. João e Maria podem ter cometido o assassinato juntos, afinal. Qualquer que seja o caso, uma coisa é certa. O que deve determinar, num julgamento, se um dos suspeitos é culpado ou não, não pode ser as opiniões dos dois policiais. Para condenar alguém, precisamos mais do que palpites. Precisamos saber como as evidências se relacionam com aquilo que pode ter acontecido. Temos de primeiro encontrar essas evidências.

Em especial, ter certeza sobre um problema não significa saber a resposta. Todos nós, creio, já passamos por situações em que tínhamos certeza de alguma coisa, mas estávamos errados. Pode ter sido uma paixão adolescente não correspondida ou a honestidade de um amigo. Ou uma prova na escola, da qual saímos com a certeza de ter tirado uma nota excelente, e depois descobrimos que erramos a maioria das respostas. A certeza com que cada um de nós saiu dessa prova não significa, de forma alguma, que nossas respostas estavam corretas. É óbvio que pode acontecer de duas formas. Podemos terminar a prova pensando que sabíamos tudo – ou quase tudo – e que vamos ter uma nota alta apenas para descobrir que erramos a maior parte. Mas também é possível sair desanimado, sem certeza de nossas respostas, e depois descobrir que nos saímos melhor do que pensávamos. Se o avaliador da prova realmente der a nota que merecemos, ou seja, se não for um professor que distribui nota até para quem errou tudo, o primeiro caso é o mais comum. Mas as duas situações são possíveis. A nossa certeza – sentir que estamos certos – não é uma boa indicação do que é ou não é verdade.

Várias questões surgem dessa observação simples. A primeira é o quão comum são os nossos erros. Nós somos completamente incompetentes? Dado tudo que já realizamos como espécie, isso parece bastante improvável. Será então que uns de nós são mais incompetentes enquanto alguns sabem as respostas certas? Ou será que há circunstâncias nas quais todos nós temos uma tendência a errar e outros casos em que nosso desempenho mental seria bem melhor? Capacidade intelectual provavelmente ajuda, mas talvez existam circunstâncias em que ser mais inteligente não ofereça nenhuma proteção para a qualidade do que concluímos. De fato, por mais surpreendente que pareça, é possível que, dependendo do caso, uma maior capacidade pode até mesmo tornar o aprendizado mais difícil.

A primeira questão que segue dessas constatações é buscar entender por que erramos. Se existem situações que sabemos que nossas mentes não são tão eficientes como gostaríamos, por que não corrigimos esse problema aprendendo a raciocinar melhor? Aqui, veremos que existe mais de um motivo para nossos erros, tipos de erros diferentes que podem exigir estratégias distintas se quisermos evitá-los.

Depois de explorar por que erramos tanto e continuamos a confiar em nossas opiniões muito mais do que devíamos, restará perguntar o que podemos fazer a respeito. Pensadores e cientistas têm trabalhado por milênios em ferramentas para melhorar as conclusões a que chegamos. Entender, ainda que de forma superficial, como a Lógica funciona, o que a Matemática pode nos dizer e o que ela não pode, saber como lidar com as inevitáveis incertezas do conhecimento, todos esses são passos fundamentais para melhorar nossas habilidades mentais. E também para entender ainda melhor quando tendemos a errar e ter alguma ideia de onde podemos buscar conhecimento mais confiável. E porque nem toda a opinião é equivalente e existem, sim, bons motivos para confiar mais (ou, ao menos, desconfiar menos) em um dos lados de várias discussões.

Essa é a jornada que estamos começando. Os primeiros passos não são os mais lisonjeiros possíveis, pois investigaremos como nós falhamos. E eu, o escritor deste livro, e também você, caro leitor, estamos incluídos nisso. No entanto, como eu sempre digo para os meus alunos quando apresento este material e proponho questões que sei que eles vão errar, isso não é motivo para vergonha. Ao contrário. Todos erramos. No máximo, podemos ter vergonha como espécie, todos juntos, mas não como indivíduos. Além disso, com treino, é possível evitar vários desses erros. Mas, se você não teve esse treino, cometer os erros que veremos aqui significa apenas que você é um ser humano. E, se quiser aperfeiçoar sua habilidade de identificar as melhores respostas, este livro, espero, vai fazer duas coisas. Primeiro, deve convencer você de que existe um problema sério na forma como raciocinamos. Segundo, espero que ajude a entender que, como consequência de nossas falhas, temos uma grande necessidade de ferramentas para raciocinar melhor.

Não vamos chegar ao final sabendo todas as respostas. Ao contrário, parte do que vamos aprender é exatamente que não conhecemos nossas respostas com certeza. Mas há respostas que são incrivelmente mais prováveis que outras e há formas de saber quais são elas.

Escolhas e
não escolhas ∎

Se vamos conversar sobre como aprender, faz sentido começar perguntando o que é possível aprender. Em especial, cabe perguntar se existem assuntos sobre os quais podemos aprender e outros que não. Ou, em outros termos, quando faz sentido verificar como de fato as coisas são e para quais tópicos precisaríamos de uma pergunta diferente.

As pessoas têm opiniões distintas, e isso é um direito básico. Não significa, no entanto, que todas as afirmações sejam igualmente válidas. Ou que não existam opiniões que sejam completamente erradas. Opiniões que toleramos apenas porque o mal causado por reprimi-las poderia ser ainda maior do que o mal que tais opiniões causam. Mas, enquanto impedir governos e outras instituições igualmente poderosas de impor crenças é uma medida saudável, a questão se torna menos óbvia entre indivíduos. A maioria das pessoas não tem instrumentos para reprimir outros. Neste caso, será que, ao encontrar outras opiniões, deveríamos sempre respeitá-las independentemente do que seja dito? Ou será que existiriam situações em que devemos não apenas expressar nossa discordância, mas também agir de forma mais enfática?

Falamos aqui, inicialmente, apenas de ter opiniões. Mas acreditar em algo é diferente de agir. O direito a uma opinião não quer dizer que ter aquela opinião dá a alguém o direito de agir de acordo com ela. Ao contrário, em situações mais sensíveis até mesmo emitir opiniões tem certas limitações. Um exemplo claro é a proibição de prescrever tratamentos médicos se a pessoa não for médica. Enquanto cada um de nós pode ter opiniões sobre assuntos médicos, a lei proíbe que uma pessoa sem o diploma de Medicina indique a outras um tratamento. Ou seja, podemos ter uma opinião a respeito, mas expressá-la como conselho a outro é, de fato, proibido. É considerado charlatanismo, um crime. Havendo uma exceção, cabe perguntar se deveria haver outras. E elas existem. Mesmo em sociedades nas quais o direito à livre expressão é lei, há limites. Nenhum de nós pode dizer a outra pessoa que ela vá e mate alguém e esperar que tal fala não seja considerada crime.

Essas limitações são, obviamente, bem conhecidas. Você pode concordar com elas ou não, mas as sociedades sempre impõem alguma limitação, pequena ou não, ao que podemos dizer. E limitações bem maiores ao que podemos fazer, independentemente de nossas crenças. Mas há outros aspectos desse problema que são menos discutidos. E nós precisamos explorar as consequências de se acreditar em algo. Em especial se não podemos dar conselhos em algumas circunstâncias, como deveríamos nos relacionar com nossas crenças nesses casos? Será que deveríamos não ter opiniões sobre assuntos que não conhecemos a fundo? A lei permite opiniões, mas isso não quer dizer que sempre devemos ter uma. Gostaríamos de ter opiniões sólidas e corretas, não apenas um palpite aleatório. Para ter opiniões sólidas, precisamos de formas eficientes de aprender sobre como realmente é o mundo. E, nesse caso, pode haver comportamentos e estratégias que deveriam ser evitados por atrapalharem nosso aprendizado. Mesmo que a lei permita uma grande liberdade de opiniões, para alguém interessado em procurar respostas corretas, alguns caminhos devem ser evitados.

Aqui vamos aprender que, em geral, temos muito mais certeza do que deveríamos. E vamos investigar por que isso acontece. Depois de aprender sobre nossa tendência a errar e os motivos pelos quais erramos – e por que ainda confiamos em nós mesmos –, vou apresentar as ferramentas que existem para que possamos aprender como o mundo de fato é. E aprender de forma independente de nossos desejos ou vontades. Mas as ferramentas que vamos explorar se aplicam melhor a um tipo de ideias, aquelas que temos sobre como as coisas realmente são. Elas têm aplicação mais limitada quando falamos de ideias sobre como gostaríamos que as coisas fossem ou ideias sobre quais consequências preferimos entre as várias possíveis. Há diferenças fundamentais entre esses dois tipos de ideias que precisamos entender antes de continuar.

* * *

É importante, portanto, deixar bem claro que existem dois tipos bem distintos de opiniões. Escolhas sobre nossas preferências, sejam sabores de sorvetes, seja o tipo de governo que nos agrada, são um direito fundamental de cada um de nós. Sendo assim, ter sua opinião sobre que chocolate é mais gostoso é um direito seu. Você pode também ter uma opinião sobre se as drogas deveriam ser descriminalizadas. Em ambos os casos, podemos ter um resultado favorito, ao menos antes de nos preocuparmos com as consequências de nossas escolhas. Se falamos apenas de gosto, somente nossa opinião conta. E é também nosso direito não ter uma opinião ou não ter certeza nesses casos. Qualquer que seja a sua preferência sobre um tema individual, é possível que você a tenha sem cometer erros. Havendo mais de um tema, no entanto, é possível que suas opiniões estejam em conflito, e isso pode ser, sim, um problema. Nesse caso, você terá de pensar o que mais importa antes de chegar a um conjunto completo que descreva seus gostos.

Mas pode haver também erros de pensamento em suas escolhas. Por exemplo, você poderia ter opiniões que sejam contradições lógicas. Ou seja, pode acontecer que não apenas exista um conflito entre as coisas que você quer; ou seja, suponha que você prefira sorvete de chocolate a morango, morango a creme, e esteja disposto a pagar uma quantidade pequena de dinheiro (pode ser até só um centavo) para trocar um sabor de que gosta menos para outro que você prefira. Nesse caso, não faria sentido você dizer que, entre chocolate e creme, você gosta mais de creme. Note que, se você decidir que prefere creme, alguém poderia ficar oferecendo trocas circulares de sorvete para você, cada vez pegando um centavo seu. Você trocaria chocolate por morango, depois morango por creme e, finalmente, creme por chocolate. Voltando ao começo, exceto que você está mais pobre, ao gastar dinheiro em todas as etapas. No final, é o mesmo sorvete e menos dinheiro. O que só faria sentido se você realmente preferisse ter menos dinheiro. Se não for o caso, fica claro que você foi enganado. Ou seja, há preferências que não fazem sentido lógico e podem ser chamadas de irracionais. Preferências como essa ainda são um direito seu. Mas elas podem facilmente ser vistas como erro. E são.

Por outro lado, há opiniões sobre temas que não cabe a nós decidir como devem ser. Ou seja, qualquer que seja a nossa opinião a respeito, nada muda. Por exemplo, por mais que você goste do sorvete de chocolate, se a pergunta for se ele faz bem ou mal à saúde, o que você pensa a respeito é irrelevante. O mundo é da forma que é. Quais seriam as consequências de manter as drogas como crime ou não também é uma pergunta que não tem nada a ver com como você gostaria que o mundo fosse. Caso queira realmente saber como são as coisas e tomar as melhores decisões possíveis, apegar-se ao que você pensa é uma péssima estratégia. Ao contrário, você quer ser capaz de aprender, mudar suas opiniões quando receber novas informações e ser capaz de abandonar qualquer ideia que já tenha. Mesmo que fosse melhor para você que sorvetes de chocolate fossem perfeitamente saudáveis e sem nenhuma contraindicação, a verdade é o que ela é. Saber quando o sorvete pode ser benéfico e quando ele pode causar problemas exige aceitar que nossas primeiras ideias (e segundas e terceiras e assim por diante) podem estar erradas. O mundo não liga para qual é a nossa opinião a respeito do assunto. Ele é da forma que ele é. Só nos resta aprender. Você pode continuar a gostar mais de sorvete de chocolate e, ainda assim, ter de concluir que é melhor para sua saúde comer uma salada. Seus gostos podem continuar os mesmos. Mas eles não deveriam influenciar suas opiniões sobre como as coisas realmente são.

Aqui, na maior parte do tempo, estaremos interessados nas opiniões sobre como é o mundo. Neste caso, ter opiniões apenas porque gostamos de uma ideia é um erro. Um erro grave. Se queremos chegar o mais próximo possível de conhecer respostas corretas (ou boas aproximações), precisamos nos dedicar a aprender. Para isso, precisamos avançar até entender como podemos dizer que o mundo é (ou não) de uma determinada forma. E vamos começar essa jornada explorando a nós mesmos e aos erros que cometemos de forma muito mais frequente do que gostaríamos. Entender o quanto erramos e por que somos tão teimosos, mesmo quando não temos razão, é algo imprescindível para termos alguma chance de corrigir a nós mesmos. Por que, como logo veremos, um dos principais oponentes que temos de derrotar nessa busca por respostas corretas é a nossa própria mente. Dependendo das circunstâncias, nossos próprios cérebros podem tentar nos enganar.

O que é saber?

Antes de explorarmos como erramos, vale a pena fazer um pequeno desvio e perguntar o que queremos dizer quando afirmamos que sabemos algo. Essa é uma pergunta fundamental, que estará presente em muito do que veremos a seguir. Sendo assim, entender e aceitar que essa pergunta não tem uma resposta tão simples é um bom primeiro passo.

Quando dizemos que sabemos algo, queremos dizer, em geral, que temos certeza de que aquele algo seja verdade. Nos casos mais simples, a maioria das pessoas concordará conosco, como quando afirmamos, durante um belo dia sem nuvens, que o céu está azul. Afirmações como essa, baseada em uma observação direta, podem ser chamadas de fatos. Eu vejo que há uma cadeira em uma sala, vou até lá, sento-me, verifico que ela é sólida e afirmo que existe uma cadeira ali. De um ponto de vista mais inocente, parece que não haveria espaço para dúvidas nesse tipo de afirmação. Infelizmente, todas as observações podem estar sujeitas a erros. Talvez você estivesse usando óculos capazes de mudar as cores de tudo quando achou que o céu estava azul. Mágicos profissionais podem enganar nossos olhos com seus truques. Nos dois casos, qualquer um de nós pode sofrer alucinações. Problemas mentais, substâncias que tenham sido ingeridas, intencionalmente ou não, poderiam explicar todo tipo de erro em fatos que observamos. Ou seja, alguma cautela é sempre aconselhável.

Por outro lado, também é verdade que esses cenários de erro em nossas observações parecem ser raros. Eles acontecem, mas, em geral, quando observamos algo com cuidado, costumamos perceber as coisas como elas são. Efeitos de ilusão existem, onde nossos olhos parecem ver linhas de tamanho iguais como se fossem diferentes, ou forma geométricas que parecem se mover apesar de não existir nenhum movimento na figura. Mas esses casos de ilusões são preparados para enganar nossos sentidos. Sem esse preparo, sem alguém tentando nos enganar, observações erradas ainda podem acontecer.

Mas nós vivemos muito bem sem ter de passar o tempo todo nos perguntando se nossos sentidos estão nos enganando. E não cometemos muitos erros ao assumir que sabemos algo.

Ainda assim, quando afirmamos que sabemos algo, não costumamos pensar nessas pequenas chances. Não lembramos que podemos alucinar ou ser enganados por um truque de mágica. Há situações em que essas possibilidades são tão improváveis que podemos descartá-las quase sem preocupação. Da mesma forma, quando filósofos tentaram definir o que seria saber algo, como deveríamos definir conhecimento, uma das respostas mais repetidas, ainda que imperfeita, é que podemos dizer que sabemos quando temos uma crença justificada e correta. Ou seja, para dizer que sabemos que o céu está azul, precisamos acreditar que seja o caso, isto é, precisamos ter essa crença. E essa crença precisa estar certa, claro. Além disso, há a exigência adicional de que a crença seja justificada. Ou seja, é preciso que tenhamos um bom motivo para acreditar no que acreditamos. Ter visto com nossos próprios olhos é um bom motivo. Se estamos trancados em um porão, sem luz do dia, e afirmamos que o céu está azul apenas por palpite, não conta. Mesmo que o palpite esteja certo, ele não tem nenhuma justificativa sólida.

O problema é que nossas justificativas podem estar erradas. Suponha que o seu relógio tenha quebrado ontem, e agora esteja mostrando o horário 12h37 e você não sabe ainda que ele está quebrado. Se você o consultar para saber as horas exatamente às 12h37, terá uma crença justificada e correta. Mas a justificativa, sem seu conhecimento, tem uma falha. E sentimos que isso não seria um conhecimento real. Exigir que todas as possibilidades tenham sido consideradas resolveria esse problema. Mas isso é humanamente impossível e chegaríamos à conclusão de que saber não é possível para nós.

Certamente, essa é uma conclusão possível. Também podemos simplesmente continuar usando o verbo saber da forma que sempre fizemos. Nesse caso, é preciso ter consciência de que, quando sabemos algo, por vezes, estamos errados. Ou seja, saber pode estar perto de uma certeza absoluta, mas não é a mesma coisa. Certezas podem não ser tão certas, assim. Com isso, precisamos discutir, mais à frente, quais a melhores ferramentas que temos para obter certezas ou lidar com a sua falta. Temos de aprender se, com essas ferramentas, poderemos recuperar algum tipo de certeza real. Ou se, na melhor das hipóteses, vamos realmente apenas nos aproximar da certeza, quase ao alcance, mas nunca real.

Os erros de nossos cérebros ∎

Se é possível nos enganarmos quando dizemos que sabemos algo, precisamos perguntar se esses erros seriam frequentes. Se erramos, mas raramente, nossos erros podem não ser preocupantes. Mas se for comum, haverá muito o que fazer. E, além de saber com que frequência nosso raciocínio falha, também precisaremos entender sob quais circunstâncias estaríamos mais propensos a errar.

É claro que erramos e não há nada de novo nisso. Mas, em geral, atribuímos nossas falhas a problemas menores, como falta de atenção ou cansaço. Gostamos de pensar que, dada uma quantidade de tempo suficiente, conseguiríamos encontrar as respostas corretas, ao menos nos problemas que nos interessam. Se você não gosta de Matemática ou História, sabe que erraria perguntas relacionadas a esses temas. Nesses casos, você reconhece que não possui o conhecimento necessário e aceita que as respostas de outros podem ser mais corretas que qualquer palpite que você tenha. Numa situação assim, todos nós entendemos que nossas respostas não são confiáveis.

Quando surgem assuntos sobre os quais já procuramos informações com interesse, muitas vezes formamos opiniões bem mais fortes. E, nesses casos, é bem mais improvável alguém admitir que não é um especialista e que, portanto, sua opinião seria apenas um palpite. Nós falamos com assertividade, sendo o assunto futebol, religião, economia ou uso de vacinas. Confiamos em nossas habilidades mentais. Afinal, somos seres humanos e animais racionais. Ou, ao menos, é o que nos ensinaram nas escolas.

E, sim, somos *seres humanos*. É assim que nos referimos a nós mesmos. Mas a palavra *racional* não foi definida para significar a forma, certa ou errada, pela qual seres humanos raciocinam. Ao contrário, ser racional implica usar formas corretas de pensar. Se você procurar em um dicionário, verá inicialmente que um argumento racional é aquele que segue a razão, o que não nos diz nada e nos deixa com a mesma pergunta. Mas há também exigências de que o argumento não seja emocional e utilize a lógica.

Vamos explorar o problema da lógica (ou lógicas) mais adiante. O objetivo será um entendimento um pouco melhor de como funcionam os raciocínios lógicos. No momento, alguns comentários iniciais podem ser relevantes. O primeiro é que, como veremos, um raciocínio lógico é algo que consideramos, quando feito corretamente, como sendo completamente a prova de erros. Se assumimos algumas ideias como verdadeiras, temos de aceitar certas conclusões. Não há dúvidas no raciocínio em si. Partindo das mesmas ideias iniciais, qualquer outra conclusão é prontamente vista por quem quer que tenha entendido o argumento como um erro de raciocínio. Dependendo do erro, poderia até mesmo ser um sinal de loucura.

* * *

Um dos primeiros testes em laboratório sobre como nos comportamos diante de um problema lógico simples envolveu raciocinar sobre cartas de um baralho não padrão. Os pesquisadores Wason e Johnson-Laird apresentaram a várias pessoas um problema com um baralho especial, em que todas as cartas tinham uma letra de um lado e um número do outro. Os pesquisadores diziam aos participantes que existia uma possível regra adicional, mas eles não sabiam se era realmente respeitada ou não. Essa regra, que poderia ser falsa ou verdadeira, dizia que se uma carta tivesse uma vogal de um lado, o número do outro lado seria sempre par.

De forma a testar se a regra seria ou não falsa, quatro cartas estavam colocadas sobre a mesa, todas mostrando apenas um lado. Essas cartas tinham os seguintes lados visíveis:

E K 4 7

A pergunta que os pesquisadores fizeram a cada um dos participantes era simples. Qual (ou quais) dessa(s) carta(s) poderia(m), ao ser virada(s), provar que a regra era falsa. A resposta era aberta e poderia ser qualquer conjunto de cartas, desde nenhuma até todas. Pense um pouco na sua resposta. Se precisar reler porque esqueceu a regra ou algum detalhe, vá em frente.

A primeira coisa que Wason e Johnson-Laird observaram é que as pessoas discordam em suas respostas. Houve vários conjuntos mencionados, mas a resposta mais comum eram as cartas E e 4. Eu já repeti essa pergunta várias vezes em sala de aula, sem os mesmos cuidados de um experimento real, e, em geral, observei a mesma coisa. Mas essa é a resposta errada. Nas minhas aulas, poucos alunos acertam essa pergunta. Faço outras perguntas similares, baseadas em outros experimentos nos quais os pesquisadores também observaram que erramos. Os estudantes, de fato, erram em todas as questões, nesse problema e nos demais, com muito mais frequência do que acertam.

Nesse problema, há quem responda que são todas as cartas, há quem escolha outros conjuntos, mas, de fato, a maior parte dos alunos escolhe as cartas E e 4. Para evitar aborrecimentos, eu começo a aula dizendo que aquele é o dia de errar, que eles vão errar a maioria das perguntas simplesmente porque quase todo mundo erra mesmo. É uma característica humana, não há vergonha em errar se você não tiver nenhum treinamento em problemas lógicos.

Vamos ver qual é a resposta certa. A carta com a letra E é o caso mais fácil. Sim, ela pode fornecer uma prova de que a regra está errada. Se você a virasse e observasse um número ímpar, obviamente não seriam todas as cartas com vogal que teriam um número par do outro lado. Já a carta K, apesar de algumas pessoas a escolherem, não diz nada sobre a regra. A regra é apenas sobre quando há vogais e nada diz sobre quando há consoantes.

Ao analisar os números, encontramos um caso interessante. A carta 4 é escolhida por várias pessoas. E é claro que ela pode fornecer um exemplo da regra sendo obedecida se, do outro lado, encontrarmos uma vogal. Mas, se houver ali uma consoante, não significa nada. A regra fala apenas o que devemos observar atrás de uma vogal, e não atrás de consoantes ou atrás de números pares. Pela regra (se uma carta tiver uma vogal de um lado, o número do outro lado é sempre par), números pares devem aparecer quando temos vogais, mas podem também aparecer associados a consoantes.

Por outro lado, se a carta 7, que não é tão frequentemente apontada como resposta, tiver uma vogal do outro lado, nós temos exatamente o que a pergunta pede: uma prova de que a regra está errada. É fácil de perceber e, no entanto, as pessoas tendem a escolhê-la com menor frequência que a incorreta carta 4.

Por que cometemos esse erro não é claro. Uma explicação possível e razoável está no fato de que nós, quando testamos regras, temos uma tendência de procurar apenas casos que apoiem a regra e evitar situações que podem mostrar que a regra está errada. Isso se chama viés de confirmação e também é observado quando procuramos informações sobre ideias de que gostamos. Nesse caso, há uma forte tendência a buscar apenas fontes que concordam conosco. No problema das cartas, no entanto, não temos uma regra que, a princípio, queremos defender. Ainda assim, é possível que o viés de confirmação tenha um papel importante em como nos comportamos. Mas poderia haver outros fatores. Talvez algumas pessoas nos experimentos apenas tenham preguiça de pensar e, ouvindo as palavras vogal e par na regra, escolhem essas cartas. É também possível que haja vários motivos para esse erro, cada um afetando diferentes indivíduos.

* * *

O problema das cartas é uma questão de lógica bastante fácil. Quer dizer, é fácil para quem conhece questões de lógica. Se você tem um treinamento em lógica, provavelmente achou o problema trivial. E pode ter ficado espantado que pessoas frequentemente errem algo tão simples. No entanto, sem esse treinamento, a maioria de nós realmente erra. O que é embaraçoso, não para os indivíduos, mas para a espécie humana. Aparentemente, erramos muito e não somos tão inteligentes quanto supomos. Olhando o resultado de muitos outros experimentos sobre nosso raciocínio, essa é exatamente a impressão que fica e, até recentemente, essa era uma conclusão possível.

Há, claro, evidências de que não somos completos incompetentes. Até onde sabemos, nenhuma outra espécie conseguiu sair do planeta e explorar outros mundos, ou produzir alimento em quantidade suficiente para alimentar todos os seus integrantes, nem mesmo conseguiu proteger até seus membros mais fracos de predadores e doenças. E assim por diante. Há, portanto, várias perguntas que precisaremos responder aqui. Uma pequena variação do problema das cartas pode ser especialmente instrutiva.

Vamos considerar um segundo problema, que os lógicos chamariam de formalmente idêntico (do ponto de vista da lógica, possui a mesma forma), mas que, em vez de cartas, é sobre uma situação que conhecemos bem, pessoas em um bar.

Há uma regra que deve ser obedecida e você é um fiscal verificando, em um bar específico, se ela é quebrada. A regra é o fato de que menores de 18 anos não podem consumir bebidas alcoólicas. Há, portanto, duas informações (lados da carta) que interessam a você sobre cada pessoa no bar, a idade da pessoa e o que ela está bebendo. Suponha que, da mesma forma que no exemplo das cartas, haja quatro pessoas ali e você tenha uma parte da informação sobre cada uma delas.

1. A pessoa 1 tem 16 anos de idade.
2. A pessoa 2 tem 27 anos de idade.
3. A pessoa 3 está bebendo suco de laranja.
4. A pessoa 4 está bebendo cerveja.

A pergunta aqui é basicamente a mesma do problema de cartas. Quais dessas quatro pessoas poderiam provar que a regra não está sendo obedecida nesse bar? Neste caso, o que os experimentos mostram é que, em geral, não há muitos erros ou dúvidas. Obter a informação faltante sobre o que alguém com 27 anos está bebendo ou saber a idade de quem bebe suco de laranja não vai nos mostrar um exemplo da regra sendo desobedecida. No entanto, saber o que a pessoa de 16 está bebendo e verificar a idade de quem está com a cerveja poderiam, sim, revelar exemplos da regra sendo violada (se for o caso).

O interessante aqui é observar que, apesar de o problema ser considerado equivalente pelos lógicos, nosso desempenho é fundamentalmente diferente nas duas situações. Em uma delas, parecemos, como espécie, bastante incompetentes. É claro que há quem acerte. O desempenho individual varia e, sim, podemos aprender a resolver problemas desse tipo. Mas, no caso geral, nosso raciocínio natural, não treinado, simplesmente falha.

Na outra situação, da bebida e idade, tirada de um problema familiar, nosso raciocínio natural é muito melhor. A resposta aparece naturalmente em nossas mentes, sem esforço. E correta. Não há dúvidas sobre o que diz a regra, sobre como ela nada diz a respeito de quem tem mais de 18 anos. E a resposta é fácil.

* * *

Há muitos outros exemplos de problemas fáceis cujas respostas a maioria das pessoas erra. Em alguns, são poucos os que acertam usando apenas o nosso raciocínio natural, sem ajuda de treinamento. Eu já apresentei muitos desses problemas várias vezes em salas de aula para alunos recém-ingressados na universidade. Nesse ambiente e pedindo respostas rápidas, há questões fáceis que a maioria erra. Inteligência natural não basta.

Mas a comparação entre o problema das cartas e o de consumo de álcool em um bar mostra uma coisa claramente. Não é que sejamos sempre incompetentes. Ao menos, não completamente. Temos limitações, é claro, e a qualidade de nosso raciocínio pode depender bastante do contexto. Nas situações do dia a dia, para as quais estamos treinados, funcionamos melhor. Uma observação fundamental que podemos fazer dessa situação é que, quando não estamos familiarizados com um problema, podemos errar, achar que estamos certos, e nem mesmo perceber nosso erro. Isso nos leva à primeira dica para lidarmos com informação. Outras serão acrescentadas nos próximos capítulos até termos um conjunto bastante útil ao final do livro. Então comecemos aqui nossas regras para um raciocínio melhor.

Regras para um raciocínio melhor:

1. Se a pergunta que você quer responder é sobre um problema que você não encontra no dia a dia, não confie em seu raciocínio natural.

Pensando
em multidões ∎

Quando Francis Galton visitou uma feira de gado em 1906, havia uma competição sobre quem conseguiria adivinhar com mais precisão o peso de um touro gordo. Entre os participantes, estavam várias pessoas que trabalhavam com gado, mas havia também curiosos. Ainda assim, se pegarmos os dados que ele obteve e calcularmos o peso médio das previsões, esse é incrivelmente próximo ao valor correto. Enquanto o touro pesava 1.198 libras, a estimativa média dos participantes foi de 1.197 libras.[1] O fato de que se podia obter uma previsão bastante próxima do valor correto a partir de todas as estimativas foi interpretado por Galton como evidência da qualidade do debate democrático. Mais recentemente, o fato de que, muitas vezes, a estimativa média de um grupo fornece valores bastante confiáveis e próximos do correto é conhecido como "sabedoria das multidões" ("*wisdom of the crowds*", em inglês). De fato, há casos em que a estimava conjunta pode ser mais precisa do que até mesmo a fornecida pelo melhor especialista do grupo. Existem inclusive mercados de apostas construídos para se obter estimativas médias, incluindo uma tentativa abandonada pelo Departamento de Defesa dos EUA de criar uma bolsa de apostas sobre ataques terroristas.

A constatação de que a opinião média de um grupo é muitas vezes melhor que a de seus indivíduos foi comprovada em vários experimentos feitos com pessoas tentando acertar respostas. Cientistas observaram que, sob as condições certas, grupos podem de fato saber muito mais do que cada pessoa. Isso sugere uma primeira possível explicação para a questão de como nós podemos ter avançado tanto enquanto cometemos naturalmente tantos erros. Mas essa explicação está longe de ser completa ou sem problemas.

* * *

Infelizmente, precisão e qualidade das estimativas das multidões similares às observadas por Galton não é algo que acontece sempre. Muitas vezes, é o oposto que observamos. Em especial, não é difícil observar situações em que as decisões em grupo são, na verdade, mais irracionais do que as que seriam tomadas pelos componentes do grupo, se eles estivessem sozinhos. Pense em torcedores de futebol aglomerados após um jogo. Ou grupos de linchadores. Há casos em que a existência de um grupo parece funcionar no sentido oposto ao da razão. Junte muitas pessoas e as coisas podem sair do controle. O que é exatamente o oposto do que a sabedoria das multidões parece sugerir.

O que está acontecendo aqui? Como é possível que, por vezes, olhar o que um grupo pensa é uma boa ideia e, em outras situações, um convite ao desastre? Uma das respostas fundamentais, um efeito que pode tornar decisões de grupo tanto excelentes quanto desastrosas escolhas está em como acontece a interação entre as pessoas.

Nas apostas sobre o peso do touro, cada pessoa fornecia sua melhor estimativa sem saber o que os demais pensavam. Havia independência e nenhuma influência entre os participantes. A média era calculada apenas após todos terem pensado sozinhos e feito suas apostas. Mas esse não é sempre o caso. E, como seres sociais, quando pessoas ao nosso redor expressam suas opiniões, essas opiniões podem alterar o que pensamos sobre determinado problema. Note que, a princípio, sem saber mais sobre cada caso, aprender com outras pessoas não é algo ruim. Ao contrário, pode ser a coisa certa a fazer. Ao menos, sob as circunstâncias corretas. Aprendemos muito com nossos pais, com nossos professores, com especialistas em assuntos que não dominamos. Mas isso não quer dizer que influência social seja sempre positiva. Talvez existam circunstâncias nas quais esse tipo de influência leve a problemas.

Você se lembra do caso do pianista negro, Daryl Davis, e de como ele convenceu membros da KKK a abandonarem a organização racista? Naquela situação, a influência social pode ser vista atuando tanto na sua forma positiva quanto negativa. A influência de membros do grupo certamente serve para reforçar o racismo entre os membros da KKK. Eles apoiam as opiniões uns dos outros, reforçando qualquer racismo já existente e aumentando o problema. Mas foi também o poder da influência social que permitiu a

Davis lentamente convencer alguns membros da organização de que suas opiniões estavam erradas. Ao interagir de forma amigável com aquela gente e permitir que percebessem que ele não era diferente das pessoas que conheciam, Davis conseguiu convencê-los.

Influência de outras pessoas, portanto, pode ter tanto efeitos positivos quanto negativos. Mas o exemplo de Davis se dá em um debate sobre conceitos morais. E, por mais fundamentais que esses debates sejam, a parte principal da discussão aqui é a respeito de como aprender algo sobre como o mundo é. Ou seja, métodos que, a princípio, nos ensinem como são as coisas, independentemente de qualquer discussão sobre bem ou mal. No caso de Davis, classificar o racismo como um mal é uma decisão moral. Perguntar se existe racismo, em contrapartida, não é uma escolha. É uma pergunta sobre como o mundo realmente é. Será que, da mesma forma que com decisões morais, o que pensamos sobre as características da realidade também pode tanto se beneficiar quanto ser prejudicado pelo que as pessoas ao nosso redor pensam? Pode ser o caso. Vale perguntar o que acontece com nossas opiniões quando outras pessoas nos dizem o que pensam e, talvez, alterem o que pensamos apenas por efeitos de pressão social.

* * *

Um experimento clássico e bastante informativo foi realizado por Solomon Asch na década de 50 do século passado. Asch preparou um experimento simples, no qual ele pedia a cada pessoa para olhar para duas figuras. Na primeira havia uma única linha e na segunda, três linhas de tamanhos diferentes. Dentre as três linhas da segunda figura, apenas uma era do mesmo tamanho que a linha da primeira figura, sendo uma maior e a outra menor. E era visualmente claro qual linha tinha o mesmo tamanho, não havia ilusões de ótica acontecendo ali. Tanto que, quando perguntadas sobre qual das três linhas na segunda figura tinha o mesmo tamanho da linha na primeira figura, os indivíduos testados acertavam 99% das vezes.

Ou melhor, eles acertavam 99% das vezes quando a pergunta era feita de forma individual. Ou seja, sem a influência de outras pessoas. Para testar o que acontecia quando essa influência estava presente, Asch preparou grupos em que apenas uma pessoa era testada e as demais eram atores. Os atores eram apresentados como participantes normais do experimento. Mas todos os atores eram instruídos a escolher a mesma alternativa errada antes que a pessoa a ser testada desse sua resposta. Do ponto de vista do participante, a escolha era entre o que viam seus olhos ou a resposta idêntica dada por todos os outros. Asch testou esse problema com grupos de tamanhos diferentes. E observou que, em vez de apenas 1% de erro, quando sob influência social errada, o porcentual de erros chegou a até mesmo 75%. Um problema trivial, quase sem erros, podia ser alterado para uma situação em que a maioria das pessoas simplesmente respondia errado.

O porquê de as pessoas fornecem respostas erradas nesse problema não é tão claro. Isso pode acontecer por uma verdadeira alteração de percepção causada pela influência dos outros. Mas pode ser apenas uma tentativa de concordar apesar de a pessoa testada ainda perceber a situação corretamente. Obviamente, ambas as respostas podem ser válidas, com algumas pessoas realmente alterando como veem o mundo enquanto outras responderiam errado apenas por ceder à pressão social, apesar de sua percepção discordar dessa pressão. Experimentos mais recentes sugerem, no entanto, que, ao menos em parte, pode haver, sim, uma mudança na própria percepção da realidade, uma mudança de opinião causada pelo grupo.

* * *

De fato, decisões em grupo são, por vezes, desastrosas. E isso acontece com tanta frequência que Irving Janis até mesmo criou um termo em inglês, *groupthinking* ("pensamento de grupo", em inglês, escrito tudo junto) para esse efeito comum. Ou seja, para a situação em que temos grupos cujo desempenho é significativamente pior do que aquele de seus membros individuais.

Mas por que isso acontece? Por que Galton observou um grupo cuja estimativa média era tão precisa enquanto em outros casos contar com alguma sabedoria contida em multidões pode levar a decisões desastrosas? Essas são perguntas que ainda são estudadas em experimentos até hoje. Nesses experimentos, perguntas são feitas e os cientistas procuram determinar em que cenários nós podemos esperar competência em grupos. E quando confiar em muitas pessoas pode ser uma péssima ideia. Mesmo que ainda possa ser necessário catalogar mais circunstâncias favoráveis e desfavoráveis, alguns fatores principais já foram identificados.

Uma diferença óbvia entre as observações de Galton sobre o peso de touros e o experimento de Asch sobre o tamanho das linhas é o fato de que, no primeiro, as apostas eram completamente independentes. Asch, ao contrário, estava interessado em observar o que acontecia quando seres humanos se influenciam. E, de fato, quando as pessoas se influenciam o resultado de um raciocínio em grupo pode ser seriamente comprometido.

Mas a situação não é tão simples assim. Não podemos dizer simplesmente que médias de opiniões independentes seriam boas, enquanto tudo estaria perdido se as pessoas conversarem umas com as outras. Há mais detalhes nessa história. No experimento de Asch, havia um esforço deliberado para enganar as pessoas com informações falsas. É perturbador ver o quão as pessoas mudavam suas respostas para um problema que elas responderiam facilmente, de outra forma. O que faz com que tenhamos muitos motivos para nos preocupar com formas de desinformação que possam atingir muitas pessoas, como acontece em redes sociais. De fato, ainda que não uma técnica nova ou exclusiva de redes sociais, cada vez mais observamos tentativas de manipular a opinião pública em plataformas que facilitam a repetição de informações não checadas. E erros enormes são cometidos simplesmente porque muitas pessoas acreditam nessas repetições maliciosas.

Mas as observações feitas por muitos cientistas mostram que não há a necessidade de malícia para observarmos efeitos danosos em raciocínios de grupo. Ao contrário. Pressões sociais podem existir por motivos autênticos. Elas podem ser ditas por pessoas que de fato concordam com elas. E, nesse caso, a princípio, pode não haver malícia entre os debatedores. Mas, havendo pressão para conformidade, em assuntos nos quais há algum tipo de expectativa sobre o que deve ser dito, os efeitos positivos de ter uma avaliação em grupo somem.

Um exemplo tradicional (e trágico) de *groupthinking* foi a explosão do ônibus espacial Challenger. A Nasa, a agência espacial norte-americana, é uma entidade extremamente competente e responsável por inúmeros avanços notáveis. E, ainda assim, apesar de toda sua competência técnica e científica, a agência ignorou avisos dos engenheiros responsáveis pelos anéis de vedação do foguete. Os seus próprios engenheiros haviam aconselhado a não realizar lançamentos em dias muito frios. Havia até mesmo dados que mostravam que, em lançamentos anteriores, pequenos problemas haviam sido observados em maior quantidade quando a temperatura era menor. Basicamente, no frio, a borracha do sistema de vedação podia ficar muito dura e quebrar quando deveria apenas se deformar temporariamente. O efeito pode ser observado facilmente ao congelar uma borracha normal. Ainda assim, a Nasa julgava que seu ônibus espacial era seguro e havia vários motivos políticos e de imagem para manter a data de lançamento. Vozes contrárias foram ignoradas e vistas de forma negativa, levando quem discordava com a data a ficar quieto. O problema poderia ter sido identificado, o que adiaria o lançamento para uma data mais segura. Mas, com a pressão para que não existissem problemas e atrasos, ele foi ignorado. Havia uma forte pressão de grupo para que não acontecesse um atraso. Uma pressão para que os engenheiros concluíssem que o lançamento era seguro. O que resultou na explosão do ônibus espacial e morte de seus tripulantes.

* * *

Existem vários estudos sobre as condições nas quais decisões em grupo são benéficas e quando podem ser desastrosas. Resumir cada detalhe do que aprendemos ocuparia muito espaço e nos desviaria do propósito central do livro. Mas entender alguns princípios gerais é importante. Aparentemente, o principal efeito danoso é observado exatamente quando as pessoas se influenciam. Quando isso acontece, a diversidade de respostas originais, antes de as pessoas aprenderem o que os demais pensam, é diminuída e, com essa diminuição, a qualidade da resposta coletiva tende a reduzir.

Mas, ainda que o efeito negativo seja persistente, há formas de diminui-lo. Em especial, a inclusão deliberada de opiniões fortes e divergentes, aumentando a heterogeneidade dos grupos que devem tomar decisões, parece causar uma melhora significativa na qualidade das decisões coletivas. Grupos que tenham grandes variações na composição de seus membros podem, é claro, causar mais problemas de gerenciamento devido a possíveis conflitos internos. Mas a introdução de pontos de vista diferentes tende a compensar esses problemas, levando a melhores análises. Em especial, somos menos influenciados por pessoas que julgamos não pertencer a nossos grupos, como veremos mais adiante. E não ser influenciado fortemente é importante. É, de fato, algo que buscamos para preservar a qualidade das informações contidas em um grupo. Preservar todas as informações iniciais, mesmo que muitas possam estar erradas, parece ser uma parte fundamental da resposta. Por exemplo, suponha que você sabe que haverá uma discussão e quer se prevenir contra *groupthinking*. Pedir que as pessoas tragam ideias já prontas e escritas antes de qualquer debate e analisar todas as propostas pode ser recomendável.

No fim, uma parte importante do problema se resume à forma como a discussão acontece. Se opiniões diferentes são respeitadas, estamos em uma situação razoável. Se são valorizadas, o que é raro, mas acontece em circunstâncias específicas que discutiremos mais adiante, a estimativa média do grupo pode ser bem melhor que a dos especialistas. Mas, quando há pressão para que as pessoas concordem, para que adotem uma mesma postura, as forças sociais podem destruir completamente o efeito de sabedoria das multidões e trocá-lo por um péssimo *groupthinking*. Ou seja, a estratégia de incluir opiniões mais extremas pode falhar, sim, quando essas opiniões extremas vêm acompanhadas de tentativas de calar os que discordam. O objetivo da diversidade, lembremos, era preservar opiniões diferentes, e não reprimi-las. Saber como um grupo chegou a uma conclusão pode ser fundamental para estimarmos quão confiável aquela conclusão é.

**Regras para um raciocínio melhor
(a serem melhoradas nos próximos capítulos, quando aprendermos mais):**

1. Se a pergunta que você quer responder é sobre um problema que você não encontra no dia a dia, não confie em seu raciocínio natural.
2. Há informações bastante úteis em grupos de pessoas. Multidões, no entanto, tendem a ser mais incompetentes que seus membros individuais.
3. Havendo forte influência social com supressão de opiniões discordantes, a opinião de muitos pode valer menos que a de um só.

Eu tenho certeza que estou certo ∎

Você acabou de sair de uma prova de Matemática. Enquanto resolvia os exercícios, sentiu-se bem, tinha resposta para a maioria das perguntas. Avaliando tudo, você acha que foi muito bem e espera uma nota alta. Uma semana depois, quando checou suas respostas com o gabarito, você se deu conta de que, na verdade, errou muito. E, quando a nota foi divulgada, de fato, percebeu que foi um desastre. Aquela sensação de que tinha ido bem, de que sabia o conteúdo, tinha sido completamente falsa.

Quase todos nós já passamos por uma história assim. E, ainda mais frequente, vimos isso acontecer com nossos colegas. Por vezes, avaliamos corretamente o quanto sabemos, claro. Mas é frequente encontrarmos situações em que sentimos que entendemos bem um problema, mas esse sentimento é falso. E, na verdade, não sabemos nada sobre o que está acontecendo. O que gera um problema bastante sério. Como podemos saber se as nossas próprias opiniões são confiáveis? Será que a nossa confiança sobre o que sabemos é uma informação relevante para isso? Em resumo, o quão frequentemente nos enganamos, achando que sabemos algo bem, quando, na verdade, estamos naquela prova de Matemática?

Na prova, a correção que vemos depois e a nota podem nos dizer algo sobre o quanto sabíamos. Isso é, se a nota realmente for dada a sério. Se todos receberem notas altas mesmo tendo preenchido as páginas com bobagens, talvez nem fiquemos sabendo de nossa própria incompetência. E a vida real é frequentemente assim. Não há sequer notas altas para todo mundo. É perfeitamente possível falar e pensar muita bobagem e nunca ter de enfrentar o fato de que estávamos errados. Nesse caso, é possível que continuemos a confiar em nossas capacidades, mesmo quando essas não existem.

***

41

Há um termo que surgiu em pesquisas sobre nossas habilidades e que, aos poucos, tem se tornado mais conhecido fora da comunidade de cientistas da área. Esse termo é o efeito Dunning-Kruger. David Dunning e Justin Kruger são dois cientistas que trabalham com problemas de cognição, sobre como pensamos e avaliamos nosso conhecimento. E, em um artigo em 1999, eles observaram que pessoas que não conhecem uma área frequentemente mostram uma confiança completamente não justificada em suas opiniões sobre problemas na área. Em seu artigo, eles discutem uma possível explicação para o fenômeno. Em especial, eles propõem que há várias áreas em que saber avaliar o quanto se sabe depende de conhecer a área.

É óbvio que há atividades que deixam clara nossa incompetência para realizá-las. Se você nunca praticou um esporte, por exemplo, tênis, e decide tentar, e erra todas as bolas, não há como dizer que é competente naquela tarefa. Se você for bom, pode se julgar melhor do que de fato é. Mas se for um desastre, isso fica bastante claro. Nesse caso, erros grotescos sobre nossa capacidade são raros. Mas há vários outros assuntos em que, para saber avaliar a qualidade de um trabalho, nós temos de ser bons na área. Isso ocorre frequentemente em problemas científicos sobre os quais, se somos um leigo, nem mesmo conhecemos os erros de raciocínio e interpretação mais comuns. E, com isso, não conhecendo os problemas mais básicos, é possível achar que sabemos alguma coisa, mesmo quando todas as nossas opiniões sobre uma área não passam de tolices aos olhos de alguém bem treinado e informado.

Ou seja, quando se diz que alguém seria vítima do efeito de Dunning-Kruger, isso é uma crítica bastante dura à capacidade da pessoa. Não apenas estamos dizendo que a pessoa não entende nada do que ela está falando, mas também que aquela pessoa sequer é capaz de reconhecer a própria incompetência.

* * *

Achar que sabemos mais do que realmente sabemos é um fenômeno muito comum. É algo de que somos todos culpados. Algumas pessoas podem mostrar excesso de confiança com mais frequência, mas todos tendemos a confiar mais em nossas próprias habilidades mentais do que deveríamos. E isso não acontece apenas por causa do efeito de Dunning-Kruger.

De fato, é provável que esse efeito, ainda que real, não seja o motivo mais importante pelo qual temos tanta confiança em nossos raciocínios. É um efeito interessante de conhecer, vale para começar a aprender que nós podemos errar – e errar muito – e nem mesmo perceber. Mas excesso de confiança é um problema geral, com muitas causas, algumas das quais só vamos identificar em capítulos mais adiante. Aqui, vamos conversar sobre como é frequente errar em nossas avaliações de o quanto realmente sabemos.

Um dos primeiros estudos sobre excesso de confiança foi publicado em 1965 por Stuart Oskamp. Oskamp propôs perguntas sobre a personalidade de uma pessoa fictícia, Joseph Kidd, a uma série de especialistas. O grupo testado incluía psicólogos clínicos com vários anos de experiências, assim como estudantes de pós-graduação em Psicologia e alunos dos últimos anos. O experimento se deu em várias etapas. Em cada uma delas, os participantes recebiam mais informação sobre Joseph Kidd e tinham de prever quais seriam as atitudes e as ações típicas de Kidd. As previsões eram dadas como respostas a perguntas de múltipla escolha com cinco respostas possíveis e cada participante tinha também de relatar o quão certo estava sobre sua resposta. Ou seja, um participante poderia responder a uma dada questão dizendo que achava que a alternativa b era a correta, e tinha 50% de certeza de ter acertado. Puro chute, com cinco alternativas, significa 20% de acertar por sorte. E alguém que realmente soubesse a resposta sem chance de erro poderia dizer que tinha 100% de certeza.

Oskamp observou que, com a informação que ele passou ao grupo, fazer afirmações sobre Kidd era bastante difícil. De fato, ninguém acertou sequer 50% das perguntas e a média final de acertos ficou em 28%. E, enquanto a proporção de acertos foi sempre acima dos 20% que correspondem a puro chute, a média nunca chegou sequer a 30%. E não chegou a esse nível bastante baixo de acertos mesmo quando mais informação foi dada. Ao contrário, comparando a média de acertos conforme os participantes recebiam mais informações, o que observamos pode ser descrito mais como sorte do que como uma melhora (26%, 23%, 28,4%, e 27,8% em cada uma das quatro fases de perguntas). No entanto, quanto mais informações recebiam, maior a confiança que os participantes tinham em suas respostas. E essa confiança, além de crescente, foi sempre acima dos acertos (33,2%, 39,2%, 46%, e 52,8%, respectivamente).

O mesmo efeito foi observado em outros experimentos feitos por outros cientistas, sob diversas circunstâncias. Excesso de confiança foi observado até mesmo na previsão de resultados de partidas esportivas. Ao fornecer informações sobre o desempenho anterior de cada time, uma informação por vez, o que se observou foi que, inicialmente, a capacidade de prever resultados de fato melhorava. Mas ela acabava estabilizando após cerca de seis novas informações. Saber mais detalhes não levava os participantes a melhorar suas estimativas. Por outro lado, os tornava, isso sim, cada vez mais confiantes. As pessoas achavam que estavam indo melhor, mas não era o caso. Um estudo mostrou que existe até mesmo uma informação específica que, dada aos participantes, piorava suas habilidades de prever. Mas, ainda assim, eles se tornavam mais confiantes ao receber essa nova informação. E o que tornava as pessoas menos capazes, mas mais confiantes era saber o nome dos times. Identificar os times, na verdade, atrapalhava as previsões.

* * *

O que os pesquisadores aprenderam até aqui é o fato de que temos uma importante tendência a nos considerar muito mais capazes do que realmente somos. Essa tendência diminui à medida que aprendemos, chegando ao ponto de, para aquelas pessoas que acertam a maioria das perguntas, ela acabar sendo substituída por algum grau de falta de confiança. Em alguns estudos, pessoas que acertavam mais de 80% das questões julgavam ter acertado menos do que seu desempenho real.

No entanto, alta confiança não significa sempre alta capacidade, infelizmente. As pessoas que relatam estar muito certas de suas respostas também tendem a errar muito mais do que pensam que errariam. Há uma diferença sutil, mas fundamental, entre observar a confiança dos competentes e a competência dos confiantes. Os primeiros, os competentes, tendem a diminuir suas chances de acerto, ainda que saibam que acertam a maior parte das respostas. Mas, dentre as pessoas que acham que acertam a maior parte, nós encontramos tanto aqueles que são realmente competentes quanto os que estão errados, mas não sabem disso. E, sendo assim, simplesmente observar o quão confiante uma pessoa é não nos diz muito.

Ao contrário, na vida real, o problema é, provavelmente, bem pior do que o observado nesses experimentos. Nos experimentos, as pessoas sabiam que seriam avaliadas depois e os pesquisadores saberiam o quanto cada uma errou. Portanto, tinham incentivos para estimar corretamente seu desempenho, sem exageros. Sua confiança, portanto, provavelmente não era uma estratégia, uma mentira. Obviamente, errar e nem saber que está errado é ainda pior que errar, mas saber que não entende do assunto. Nos experimentos, as pessoas provavelmente desejavam fornecer uma estimativa correta de seus acertos. Queriam acertar as perguntas e acertar a sua estimativa de desempenho. E, ainda assim, erravam e se mostravam confiantes demais.

Mas há inúmeras situações na vida real que não são assim. Frequentemente, não há uma prova final e ninguém fica sabendo quantas vezes alguém realmente acertou. Muitas vezes, há incentivos para as pessoas demonstrarem confiança em sua capacidade, mesmo se essa capacidade for não existente. Profissionais confiantes conseguem mais clientes. Se houver um registro de acertos prévios, é claro, podemos verificar se a confiança é justificada. Isso acontece, por exemplo, nos esportes, em que, ainda que exista excesso de confiança, é sempre possível checar o número de vitórias. Estimar a qualidade real de um esportista a partir dessa informação é um problema de probabilidade mais complicado do que parece. Ainda assim, apenas olhar os dados é certamente suficiente para uma estimativa aproximada.

Mas, em muitas áreas, simplesmente não temos nenhuma informação sobre a eficiência e competência dos profissionais. E isso acontece até mesmo em áreas cruciais como a medicina. Uma médica extremamente eficiente vai dizer a todos que ela é realmente boa. E estará certa. Mas quando você vai a um médico, não tem acesso a nenhuma informação sobre o quanto aquele médico acertou antes. É possível que seja um excelente profissional, claro. Mas a confiança exibida pode ser apenas uma estratégia de vendas. Sem informações disponíveis para diferenciar esses casos, não há como identificar quem mostra uma confiança justificada, quem erra em sua autoavaliação e quem simplesmente está mentindo.

* * *

Saber desconfiar mesmo quando outras pessoas aparentam ter certeza é uma dica bastante importante. Mas, talvez, a lição mais fundamental que a pesquisa sobre excesso de confiança nos traz é uma bem mais difícil de aprender e aceitar. Porque ela é sobre nós mesmos. Desconfiar dos outros é fácil, ao menos quando já discordamos deles. Quando concordamos, como veremos a seguir, essa desconfiança já não é natural nem fácil. Mas desconfiar de nossos próprios processos mentais, aceitar que especialistas sabem muito mais de suas áreas do que nós mesmos somos sequer capazes de imaginar (a menos que sejamos especialistas na área também), essa é uma lição bastante difícil.

Descrições do ser humano como alguém capaz, racional e inteligente têm claros motivos se compararmos nossas realizações com a de outros animais. Em contrapartida, somos bem menos capazes do que gostaríamos de acreditar. Nosso raciocínio pode ser o melhor que já encontramos. Mas ainda há muito a melhorar! E todo o cuidado é necessário quando achamos que sabemos algo. Acreditar pode ter pouco a ver com a verdade.

Regras para um raciocínio melhor
(a serem melhoradas nos próximos capítulos, quando aprendermos mais):

1. Se a pergunta que você quer responder é sobre um problema que você não encontra no dia a dia, não confie em seu raciocínio natural.
2. Há informações bastante úteis em grupos de pessoas. Multidões, no entanto, tendem a ser mais incompetentes que seus membros individuais.
3. Havendo forte influência social com supressão de opiniões discordantes, a opinião de muitos pode valer menos que a de um só.
4. Se alguém mostra bastante confiança em sua capacidade, frequentemente não é possível saber se essa confiança é justificada.
5. Se você (ou eu) está confiante que acertou, duvide de si mesmo. E se você sequer é um especialista no problema, sua confiança é quase certamente errada.

Por que erramos?

Se erramos com tanta frequência, uma pergunta natural é o porquê de isso acontecer. Essa é uma pergunta importante não apenas para satisfazer nossa curiosidade. Entender por que erramos pode nos ajudar a corrigir nossos erros. Se formos capazes de identificar quando temos mais chance de cometer erros, saberemos quando ficar mais atentos. E, como na maioria das perguntas sobre humanos, a resposta pode não ser única. Erros diferentes podem surgir por razões distintas.

E, é claro, há também uma questão de autoestima aqui. Será que somos só animais incompetentes? Ou será que há motivos sólidos para nossos erros? Em especial, seria possível que, em vez de erros reais, nosso raciocínio falho, ao menos por vezes, tenha alguma função? Ou funções?

* * *

E, de fato, se olharmos com mais cuidado para os experimentos e para como raciocinamos, algumas razões começam a surgir. Um tema central dessas razões é a diferença entre o ideal e o real. Nos experimentos que testaram nossa cognição, vários aspectos tratam de versões idealizadas de problemas reais. Além disso, os primeiros pesquisadores queriam saber se as pessoas seguiriam um conjunto de regras de decisão idealizadas conhecido por teoria da utilidade esperada. A teoria da utilidade esperada supõe que as pessoas, de alguma forma, calculem probabilidades com precisão e também tenham preferências muito bem definidas de acordo com regras matemáticas bem restritas. A princípio, nada disso precisaria ser consciente, as decisões poderiam ser tomadas por algum mecanismo que, nos experimentos, seria julgado correto desde que as decisões observadas pudessem ser descritas pela teoria que diz como deveria ser um raciocínio correto.

Vale comentar que eu me referi à teoria da utilidade esperada como uma suposta teoria não porque ela esteja errada. Mas, ao contrário do que diz seu nome, ela não é uma descrição de como o mundo funciona. E, portanto, não é propriamente uma teoria. Ao contrário, ela fornece uma série de regras a que uma pessoa racional deveria obedecer para poder ser chamada de racional. Essas regras, em princípio, poderiam estar certas como caso ideal, mesmo que ninguém no mundo as seguisse. Ela poderia ser correta como norma (o que é debatível, mas possível) e ainda assim errada como descrição teórica de como as pessoas pensam.

E era exatamente essa a questão a que os primeiros experimentos queriam responder. Será que nós raciocinamos seguindo todas as regras da teoria da utilidade esperada? Inicialmente, a preocupação sequer era com as regras mais óbvias, e sim com detalhes mais rebuscados. Detalhes tão rebuscados que, ainda que razoáveis, era possível discordar deles como uma necessidade para um raciocínio correto. De fato, havia pequenas discordâncias.

Mas, como já vimos, nós erramos até mesmo em problemas que, quando olhamos com o cuidado necessário, a resposta certa existe e não há dúvidas. Mais do que isso, erramos em problemas simples. No problema do baralho de cartas com letras e números, todas as pessoas que são treinadas nesse tipo de problema acham a pergunta muito fácil. Ou seja, erramos até onde não há dúvidas sobre como deveríamos raciocinar. Mas, no início, isso não era conhecido.

Ainda assim, era inevitável que nós, humanos, iríamos falhar em seguir perfeitamente as recomendações da teoria da utilidade esperada. E por motivos bem mais claros do que detalhes da teoria que não eram considerados corretos por todos. Ao contrário, era inevitável falhar mesmo em avaliações nas quais não discordamos sobre como seria um raciocínio correto e ideal. E era inevitável por um motivo simples. Em situações reais, para seguir o que diz a teoria, nós precisaríamos de capacidades infinitas. Afinal, a teoria assume que sabemos as chances de cada evento acontecer e como nossas ações alteram essas chances. Além disso, ela também assume que conhecemos a nós mesmos com perfeição, que somos capazes de saber hoje o que vamos preferir amanhã. Ou, no mínimo, classificar de acordo com nossas preferências atuais cada uma das possíveis variações de resultados que nossas escolhas poderiam gerar. No fundo, precisaríamos ser probabilistas perfeitos e ter pleno conhecimento das leis que movem o mundo. Ou seja, teríamos de ser até mesmo mais capazes do que aqueles cientistas absurdos de filmes de Hollywood que são capazes de resolver qualquer problema em poucas horas.

É claro que, para realizar os testes, os pesquisadores não usaram problemas complexos da vida real, em que essas questões fossem relevantes. Ao contrário, utilizaram os poderes de qualquer professor de Matemática (ou Física) ao propor versões simplificadas de problemas reais. Em especial, versões simplificadas e bem-adaptadas à linguagem da teoria da utilidade esperada. Assim, os primeiros experimentos tipicamente pediam aos participantes que escolhessem entre duas apostas. Por exemplo, suponha que você seja um participante e eu peça para você escolher entre duas situações. Na primeira, você tem 10% de chance de ganhar 100 reais e 90% de chance de não ganhar nada. Na segunda situação você ganha 9 reais com certeza (o que é basicamente uma aposta da qual você tem certeza do resultado). Qual das duas situações você prefere?

A princípio, não há uma resposta certa. Depende de suas preferências, de quanto você aceita correr riscos. E essas características são individuais, não havendo uma resposta irracional. É possível criar situações em que há uma resposta certa, claro, mas os testes, em geral, não incluíam esses casos. Ao testar a mesma pessoa com várias apostas diferentes, os primeiros pesquisadores verificaram que era impossível descrever o conjunto de escolhas de uma pessoa específica a partir de um ordenamento racional de suas preferências, seguindo as regras da teoria da utilidade esperada. A teoria não era capaz de descrever as escolhas de cada pessoa. E, portanto, as respostas obtidas seriam, em princípio, irracionais.

* * *

Mas é claro que esse tipo de problema não é algo que a maioria de nós encontra todos os dias. Se você tem uma casa de apostas, pode estar familiarizado com situações semelhantes, claro. Mas a grande maioria de nossas decisões é tomada em problemas bastante diferentes dessa descrição. Mesmo em uma casa de apostas, supondo que elas sejam legalizadas onde você está, há uma diferença fundamental. Se você está pensando em apostar em esportes, pode decidir se vai gastar 10 reais em um jogo de futebol ou em um jogo de basquete ou ficar com seu dinheiro. Mas você não sabe a probabilidade de ganhar. Você tem um palpite e, ao ver quanto cada possibilidade paga, pode alterar seu palpite com a nova informação. Mas há muita incerteza nesse palpite. Ao contrário, nos experimentos, as pessoas deveriam agir como se realmente soubessem a probabilidade associada a cada possível ganho ou perda. O que praticamente nunca acontece na vida real.

Ao contrário. No mundo real, não existe apenas a incerteza de um jogo com chances conhecidas. As chances são desconhecidas. Além disso, muitas vezes, temos um tempo limitado para tomar uma decisão. Se você está diante de uma situação em que potencialmente poderia se ferir ou até mesmo morrer, decisões rápidas podem ser mais importantes do que decisões perfeitamente analisadas, mas que exijam minutos gastos pensando em números.

Um exemplo bastante repetido na literatura é a situação em quem um de nossos ancestrais está sozinho, caçando em uma savana na África. Ele ouve um barulho atrás de um arbusto próximo, um som que poderia ser de um leão. Se não for um leão, perder tempo pensando não é um problema. Mas, nas situações em que de fato exista um grave perigo ali, o quanto antes o nosso ancestral reagisse, maiores chances ele teria de sobreviver ao incidente. Estar certo importa, claro. Mas decisões rápidas também podem ser fundamentais. Às vezes, elas são até mais importante. Melhor fugir de um leão inexistente do que gastar o tempo para ter certeza e correr o risco de ser devorado por um leão real.

De fato, uma das primeiras explicações para alguns dos nossos erros foi a ideia de que, talvez, nosso cérebro use atalhos quando raciocina. Em vez de analisar toda a informação, talvez nós só olhemos um detalhe que permita algum palpite rápido. Regras de decisão rápida, em que apenas uma parte das informações é usada para encontrar um palpite como resposta, são chamadas de heurísticas. Obviamente, heurísticas não são análises completas e são sujeitas a erros. Mas elas também podem ser surpreendentemente eficientes.

Por exemplo, suponha que você tenha que responder qual de duas cidades tem mais habitantes. Mesmo sem saber o número de habitantes das duas, você pode achar formas de dar um palpite bem informado. Por exemplo, se você ouviu falar de uma cidade, e não da outra, ou já ouviu muito mais de uma do que da outra, escolher a cidade que é mais familiar é uma boa estratégia. Afinal, quanto maior a cidade, mais chance existe de que já tenhamos ouvido falar. Essa estratégia não é perfeita. Por exemplo, você quase certamente conhece mais cidades próximas ao lugar onde você mora do que cidades distantes. Ou seja, há outros fatores que você poderia levar em consideração para um chute ainda mais bem informado. Mas familiaridade é um bom critério e fornece uma resposta rápida que, na maior parte das vezes, estará certa.

Ao menos em parte, nossos erros acontecem não por pura incompetência. É bastante provável que usemos atalhos rápidos para obter respostas que em geral funcionam, mas não sempre. Uma mistura de preguiça de pensar somada com a necessidade de encontrar uma receita eficiente que permita essa preguiça. E, notemos, preguiça significa menos esforço. Em ambientes com falta de recursos, com pouca comida, conseguir melhores resultados com menos é muito importante. Ou seja, pode ser que usemos raciocínios que ajudam, mas falham. Testados, os pesquisadores inevitavelmente encontrariam os casos em que esses atalhos falham.

* * *

Mas o uso de heurísticas, de atalhos rápidos, não é o único motivo pelo qual os experimentos mostram falhas em nossos raciocínios. Uma outra explicação está no fato de que nossos cérebros estão treinados e adaptados para trabalhar em condições diferentes daquelas testadas em laboratórios. Conforme eu mencionei antes, os experimentos realizados muitas vezes propõem escolhas entre apostas em que se sabe a chance de cada resultado. Mas, na vida real, quando decide se vai levar um guarda-chuva ao sair de casa, você não sabe o valor exato da chance de chover. É possível que você tenha escutado o rádio mais cedo e ouvido uma previsão do tempo. Cinquenta por cento de chance de chuva. Mas será que essa chance é exata? E, ao abrir a janela e olhar para fora, se estiver um dia claro ou se houver nuvens carregadas, isso é informação nova que os modelos do rádio não tinham pela manhã. O que você observar, certamente muda sua avaliação. Mas não houver números conhecidos com exatidão ali. Na verdade, sequer pensamos em termos numéricos nesse caso.

A situação pode ser ainda mais complicada em decisões maiores. Se você está decidindo sobre um novo emprego ou sobre se vai casar, há inúmeras coisas que não sabe sobre o futuro, fatores demais a considerar para cada uma de suas possíveis escolhas. Não há chances conhecidas, apenas palpites aproximados. E que podem estar bem errados.

É possível lidar com esses problemas de uma forma matemática, mas tudo fica complicado rápido. Para fazê-lo, podemos ter de perguntar qual a chance de a probabilidade de chover ser realmente 50% e qual a chance de ser, na verdade, 40%. Ou qualquer outro valor. Ou seja, começamos a falar sobre probabilidades de probabilidades e o trabalho e a necessida de treinamento matemático sério logo ficam evidentes. O que importa para nós aqui é que é possível lidar com incertezas em nossas estimativas de chance. Dá para fazer as contas, ainda que elas sejam bem complicadas. E, no mundo real, as chances são de fato incertas. Essa incerteza complica a análise. Ficamos em uma situação bem mais difícil do que os casos testados em laboratório.

Com essa ideia em mente, verifiquei, em 2006, o que aconteceria nos experimentos relatados na literatura, se os números fossem considerados incertos. Ou seja, suponha que o pesquisador pergunte para as pessoas se elas preferem ganhar 10 reais, com certeza, ou ter 90% de chance de ganhar 12 reais. E, portanto, 10% de chance de ganhar nada. No experimento, esses 90% deveriam ser considerados exatos. Sem erro, sem incerteza.

Mas o mundo não funciona assim. Suponha que o gerente do seu banco proponha a mesma escolha, mas com investimentos. Em um caso, você tem certeza de que recebe 10 reais. No outro, pode ganhar 12 ou nada. E o gerente te diz que ele acha que as chances de ganhar 12 reais seriam de 90%. De repente, aquele número é bem mais incerto do que em experimentos arranjados e perfeitamente manipulados. Mesmo que você confie no seu gerente como os cientistas nos experimentos esperam que as pessoas confiem neles, a situação não é a mesma. Você vai (ou realmente deveria) se perguntar como o gerente chegou àquele número e quão confiável é a informação por trás da estimativa. O mundo real é mais complicado que problemas de laboratório ou de livros-texto.

Para incluir essa incerteza, eu criei um modelo matemático para usar o valor das probabilidades como informação adicional. Ou seja, em vez de achar que a chance seria realmente 90%, eu perguntei o que aconteceria se esse número fosse considerado uma estimativa séria, mas incerta. O modelo continha algumas hipóteses razoáveis sobre como esse número seria usado. E o resultado foi que as decisões observadas nos experimentos eram perfeitamente compatíveis com o que a teoria da utilidade esperada diz. Isso não quer dizer que nossos cérebros façam as mesmas contas. Mas, de fato, quando introduzimos incertezas que tornem o problema mais realista, tomamos decisões que fazem mais sentido do que os primeiros pesquisadores julgaram.

Ou seja, em parte, ao menos, os erros observados não eram exatamente erros. Poderiam, ao contrário, ser uma forma de raciocínio usada por nossos cérebros para lidar com as inúmeras incertezas do mundo real. Testado no ambiente falso e artificial dos experimentos, nosso raciocínio falhava. Mas porque nossos cérebros podem estar intuitivamente assumindo que o problema seria mais complicado do que de fato era. Nossa tomada de decisão poderia ser mais robusta do que os cientistas tinham assumido, mais bem-adaptada às incertezas e enganos do mundo. Nesse caso, podemos até usar uma heurística. Mas parece haver problemas para os quais não procuramos apenas uma resposta fácil. Ao contrário, nosso cérebro pode estar sempre assumindo que o mundo é complicado e ajustando nossas decisões para lidar com o que não sabemos.

Regras para um raciocínio melhor
(a serem melhoradas nos próximos capítulos, quando aprendermos mais):

1. Se a pergunta que você quer responder é sobre um problema que você não encontra no dia a dia, não confie em seu raciocínio natural.
2. Há informações bastante úteis em grupos de pessoas. Multidões, no entanto, tendem a ser mais incompetentes que seus membros individuais.
3. Havendo forte influência social com supressão de opiniões discordantes, a opinião de muitos pode valer menos que a de um só.
4. Se alguém mostra bastante confiança em sua capacidade, frequentemente não é possível saber se essa confiança é justificada.
5. Se você (ou eu) está confiante que acertou, duvide de si mesmo. E se você sequer é um especialista no problema, sua confiança é quase certamente errada.
6. Há motivos para errarmos. Às vezes, procuramos respostas fáceis e rápidas. Mas, quando lidamos com incerteza, nossos cérebros podem assumir que há muito que não sabemos e corrigir nossas decisões mesmo quando isso não é necessário.

Grupos
e erros ∎

Erramos. E há motivos para nossos erros. Em parte, nossos erros podem ser um tipo de preguiça. Uma tentativa de achar respostas rápidas e não fazer muito esforço mental. Em parte, nosso cérebro pode estar bem-adaptado a situações de incerteza, fazendo análises inconscientes que assumem que o que ouvimos nem sempre é exato e que, talvez, estejam tentando nos enganar.

Mas essas explicações não são suficientes. Se apenas quiséssemos achar as respostas mais corretas, usando estratégias para facilitar nosso trabalho e para lidar com o que não sabemos, seria útil duvidar de nossas conclusões. Afinal, em ambos os casos, ao não fazer a análise completa, há chances de se cometer erros. Mesmo ao assumir que informações não são confiáveis, como nosso cérebro toma decisões pode ser razoavelmente eficiente. Mas não é perfeito. Erros são inevitáveis. Devíamos, portanto, não sofrer de excesso de confiança em nossas habilidades.

Mas não é assim que nos comportamos. Ao contrário, mostramos confiança exagerada em muitas situações. E, estranhamente, quando sabemos pouco ou nada, há situações em que temos ainda mais certeza sobre nossas opiniões erradas. Erramos sem entender do assunto. E temos certeza sobre nossas respostas mal-informadas.

Nada disso é compatível com um cérebro imperfeito, mas eficiente que apenas busca as melhores respostas. Então, o que está faltando?

* * *

Um tipo específico de erro que vimos foi o fato de que nós podemos ser fortemente influenciados por outras pessoas. Em grupos, a pressão social pode nos levar a muitos problemas. Influenciados por outras pessoas, erramos até em tarefas muito fáceis, como estimar tamanhos. Mas, se por vezes somos facilmente influenciados, também é verdade que defendemos nossas crenças com fervor. E, às vezes, o fazemos mesmo quando a evidência de que estamos errados é incrivelmente forte. Influência social importa, mas ela tem de vir de pessoas em que confiamos. Nós separamos as pessoas entre nós e os outros e não temos problemas em discordar dos outros. Mas quando encontramos pessoas que consideramos confiáveis, o exagero é na direção oposta. Queremos concordar e somos capazes de mudar de opinião mesmo quando a mudança é obviamente errada.

De fato, nossa tendência a tratar as pessoas de acordo com uma avaliação rápida de se elas pertencem ou não ao nosso grupo é tão forte que pode ser identificada no funcionamento de nosso cérebro. Em experimentos, o cérebro de várias pessoas foi mapeado enquanto elas viam fotos de desconhecidos. Quando elas recebiam informações adicionais que sugeriam que os desconhecidos pertenciam ao mesmo grupo social, as áreas do cérebro que eram ativadas eram distintas de quando, com as mesmas fotos, a informação sugeria que as mesmas pessoas eram parte de algum grupo oposto. E, aparentemente, a tendência de preferir fontes de informação não confiáveis que pertencem ao nosso grupo no lugar de estranhos que dizem a verdade é algo que começa cedo. Crianças de apenas 4 anos, quando têm de efetuar essa escolha, já mostram essa mesma preferência. Melhor um aliado mentiroso do que um estranho honesto é uma boa descrição de como nos comportamos.

Além disso, tratamos nossas opiniões como bens preciosos. Bens que dividimos com nossos amigos. Mas não toleramos quando nossos inimigos as põem à prova. E, quando nós mesmos decidimos checar se estamos certos, usamos estratégias que tornam bastante difícil encontrar informações que discordem de nossas crenças. Em vez de buscar fontes independentes, procuramos aqueles que já concordam conosco e ignoramos quem discorda. Essa estratégia de busca, como já vimos, é conhecida por viés de confirmação. Nós já encontramos antes, quando do exemplo das cartas com letras e números. Cometemos esse viés com frequência. Procuramos dados que confirmem o que pensamos e tendemos a nos manter afastados de casos e fontes de informação que poderiam mostrar que estamos errados.

É interessante notar que, para esse tipo de problema, saber mais ou ser mais inteligente pode não ajudar em nada. Ao contrário. Dan Kahan e sua equipe estudaram como as pessoas se comportam quando recebem informações que são contrárias ao que acreditam. Como interpretação de dados é uma habilidade para a qual podemos treinar, cada pessoa teve suas habilidades matemáticas medidas antes do começo do teste. Afinal, seria natural esperar que quem tivesse um desempenho melhor em habilidades matemáticas se sairia melhor na interpretação de novos dados.

Para verificar as diferenças causadas por crenças, os pesquisadores primeiro observaram o quão bem as pessoas testadas interpretavam dados em problemas neutros. Ou seja, problemas que não eram importantes para aquelas pessoas. Nesse caso, o esperado foi exatamente o que se observou. Quanto maior a habilidade numérica das pessoas, mais corretamente elas interpretavam os dados e alteravam suas opiniões sobre o assunto.

Mas o objetivo era observar o que acontecia quando a mesma situação acontecia em assuntos com os quais as pessoas realmente se importavam. E, nesse caso, a nossa intuição de que ser mais capaz ajudaria a entender melhor o mundo mostrou ser falha. Ao contrário, mesmo quando ouviam dados que sugeriam que elas estavam erradas, as pessoas mais capazes ficavam ainda mais confiantes sobre suas opiniões. E descobriam formas de interpretar erroneamente os dados, concluindo que eles apoiavam suas opiniões mesmo quando não o faziam. O processo pode não ser consciente. Mas uma maior habilidade de análise mostrou estar associada a uma maior habilidade de distorcer os fatos em proveito próprio. A mesma capacidade que ajuda a chegar a conclusões mais corretas em problemas para os quais não temos uma opinião forte se torna um obstáculo quando em questões sobre as quais já temos opiniões formadas.

Uma boa parte de nossa habilidade de raciocinar parece ser motivada. Motivada não por um desejo de encontrar as melhores respostas. Motivada por um forte instinto de defender as ideias que consideramos mais importantes. Como se nossas ideias fossem mais importantes do que estarmos certos. Deveríamos raciocinar, mas racionalizamos nossas preferências, buscando desculpas para apoiá-las. E, vale lembrar, não estamos falando só de valores, que podemos realmente escolher. Isso acontece também em problemas por meio dos quais queremos aprender como é o mundo. Nos experimentos, as informações eram sobre fatos. Claro que esses fatos podem estar associados a discussões sobre valores. Por exemplo, fatos a respeito da associação entre leis sobre posse de armas e criminalidade são relevantes para a discussão acerca do que as leis deveriam dizer. Mas verificar se as leis têm ou não algum impacto na criminalidade (e qual seria esse impacto) é uma pergunta sobre fatos. A resposta pode apoiar a sua preferência ou pode fornecer algum apoio à opinião contrária. E é possível também que os dados não sejam claros. Nós tendemos a tratar afirmações factuais como se pudéssemos escolher como o mundo é. Algumas perguntas se tornam ideologicamente relevantes, quando não deveriam ser.

Qualquer que seja o caso, uma análise honesta dos dados deveria apenas verificar o que os dados dizem. Isso é independente de qual conclusão nós preferimos. E é perfeitamente possível que os dados não apoiem nossa posição em uma pergunta específica. Suponhamos que esse seja o caso. Se você quer encontrar as melhores respostas, deve admitir que aqueles dados são um argumento bom contra a sua posição. É possível que seus valores sejam fortes o bastante para você manter sua escolha apesar dos dados. Mas uma análise honesta e correta deveria ser natural. Essa análise honesta aconteceria se fôssemos uma espécie mais interessada em encontrar respostas certas do que em defender nossas opiniões. Não somos. Privilegiamos quem pensa como nós, desculpamos as ações de nossos partidários e condenamos brutalmente as mesmas ações se praticadas pelo lado oposto.

* * *

De fato, a evidência é que não construímos uma opinião final raciocinando a partir dos fatos e juntando o que aprendemos, como deveríamos. Ao contrário. Muitas vezes, escolhemos a conclusão de que gostamos mais primeiro. E é a partir dessa preferência que escolhemos opiniões que a apoiem. Escolhemos opiniões não porque elas fazem sentido, mas porque elas vão ajudar outra escolha que consideramos mais importante. E fazemos isso com fatos que não são nossas escolhas, que deveriam ser apenas informações sobre como o mundo realmente é.

Um exemplo dessa tendência a racionalizar quando deveríamos raciocinar foi descrito por Robert Jervis. Em seu livro de 1976, Jervis descreve uma situação em que perguntaram a várias pessoas se elas apoiariam ou não a proibição de novos testes de armas nucleares. Junto a essa pergunta, perguntaram também o que pensavam sobre três tópicos relacionados a essa questão, quais sejam: se achavam que haveria riscos médicos associados a novos testes; se os testes levariam a importantes avanços nas armas; e se eles seriam causa de tensão internacional. Cada uma dessas questões é relevante para a pergunta de se deveria haver uma proibição ou não, claro. Mas são perguntas independentes. Uma pessoa séria e não motivada pela resposta procuraria respostas para essas perguntas. A partir dessas respostas, e mais outras considerações que cada um achasse relevante, uma pessoa supostamente racional decidiria a resposta para o problema da proibição. Ou seja, seria esperado que responder se os novos testes poderiam levar a novos avanços deveria ser independente da resposta sobre se causariam riscos médicos.

Mas isso não foi isso o que se observou. Ao contrário de raciocinar, as pessoas escolhiam todas as suas respostas em um pacote. Quem apoiava novos testes achava que eram seguros, que levariam a avanços e não causariam tensão. Tudo junto, sem um único senão. Da mesma forma, quem era contra os novos testes afirmava que eles eram um risco médico, que não ajudariam no desenvolvimento de novas armas e causariam tensão internacional. A esses pacotes completos, escolhidos para racionalizar a escolha final, Jervis chamou de consistência irracional. A consistência entre todas as respostas era tão forte que evidenciava claramente erro ou desonestidade. Novamente, o que importava era apoiar a conclusão preferida. Analisar e pensar corretamente não pareciam ser práticas com as quais os participantes se preocupassem.

* * *

Essas escolhas certamente estão correlacionadas com os grupos que frequentamos. Se você tem uma ideologia clara, qualquer que seja ela, muitas das respostas a esse tipo de questão vêm devidamente empacotadas, prontas para você aprender e usar. Variações dentro de cada ideologia existem, é claro. Mas, mesmo nesse caso, cada grupo menor defende suas escolhas ferozmente contra grupos com os quais, em princípio, poderiam concordar em muitos aspectos. O grupo a que uma pessoa pertence muitas vezes vem com exigências sobre suas crenças. Infelizmente, é esperado que a pessoa obedeça a essas exigências.

De acordo com Hugo Mercier e Dan Sperber, concordar com ou convencer nossos grupos é exatamente o elemento que falta para entendermos nossos erros. Nós erramos porque há algo que importa mais do que estar certo. E esse algo é pertencer a um grupo. Isso não quer dizer que nós vamos concordar com tudo o que nosso grupo diz, no entanto. Suponha que existe uma oportunidade de mudar opiniões para que os membros de nosso grupo passem a nos ver como líderes. Se tivermos sucesso em convencer nossos pares, nossa posição dentro do grupo ficaria mais forte. Ou seja, argumentar dentro das regras aceitas pelo grupo é uma atividade benéfica para nós e era assim para nossos ancestrais. Mercier e Sperber defendem exatamente que nossas habilidades de argumentação evoluíram não para nos ajudar a encontrar respostas melhores. Elas teriam evoluído para nos permitir pertencer ao nosso grupo e subir socialmente dentro dele. Pertencimento importaria mais do que a verdade.

    E isso faz sentido, em especial, para o caso de ideias e conceitos que não têm aplicação prática direta em nossa sobrevivência imediata. Ideias sobre divindades ou sobre ideologias políticas que não serão facilmente implementadas não afetam nossas chances de sobrevivência. Ou afetam muito pouco. Podemos acertar ou não e continuaremos vivos. O mesmo valia para nossos ancestrais. Mas pertencer ao grupo social que os protegia dos perigos do mundo era fundamental. Expulso do apoio dos seus, a chance de sobrevivência de nossos antepassados diminuiria muito. Ou seja, aceitar as regras locais e ser influenciado, mesmo por ideias sem qualquer base em observações, era uma boa estratégia de sobrevivência. Desenvolver habilidades de argumentação que permitissem continuar dentro de seus grupos e talvez até mesmo comandá-los foi um bom caminho também. Racionalizar e pensar para pertencer a nosso grupo fazia sentido de um ponto de vista evolucionário. Essa observação fornece a peça que faltava para entendermos nosso raciocínio.

    Sim, erramos por buscar formas de pensar menos e ainda ter uma resposta. E também erramos em problemas de laboratório simplificados que não têm equivalência no mundo real. Mas estivemos o tempo todo assumindo que nossas mentes trabalham para encontrar as respostas certas quando esse, muitas vezes, não é o caso. Até podemos usá-las para isso. Mas nossas habilidades evoluíram para nos permitir uma posição social estável. Aprendemos a argumentar para, quando possível, convencer e ganhar seguidores. Sem importar se falamos ou não a verdade. Podemos, sim, usar essas habilidades para aprender e o registro do que já fizemos como espécie é impressionante. Mas não somos seres racionais em busca da verdade. Racionalizamos e defendemos ideias por motivos bem diferentes da busca pelas melhores respostas. Se quisermos seguir na direção das melhores respostas e raciocinar de forma mais correta e eficiente, há muito que aprender ainda.

**Regras para um raciocínio melhor
(a serem melhoradas nos próximos capítulos, quando aprendermos mais):**

1. Se a pergunta que você quer responder é sobre um problema que você não encontra no dia a dia, não confie em seu raciocínio natural.
2. Há informações bastante úteis em grupos de pessoas. Multidões, no entanto, tendem a ser mais incompetentes que seus membros individuais.
3. Havendo forte influência social com supressão de opiniões discordantes, a opinião de muitos pode valer menos que a de um só.
4. Se alguém mostra bastante confiança em sua capacidade, frequentemente não é possível saber se essa confiança é justificada.
5. Se você (ou eu) está confiante que acertou, duvide de si mesmo. E se você sequer é um especialista no problema, sua confiança é quase certamente errada.
6. Há motivos para errarmos. Às vezes, procuramos respostas fáceis e rápidas. Mas, quando lidamos com incerteza, nossos cérebros podem assumir que há muito que não sabemos e corrigir nossas decisões mesmo quando isso não é necessário.
7. Nossas habilidades de raciocínio e de argumentar evoluíram não para encontrar respostas corretas, mas para permitir que aceitemos o que o nosso grupo exige e, quando possível, convencer nosso grupo a nos ouvir. Pertencimento importa mais aos nossos cérebros do que a verdade.

Bolhas, redes
e confirmações ∎

Cometemos erros e algumas características de nossos cérebros e mentes não são criadas para procurar pela melhor resposta. Ao contrário, pertencer a um grupo social pode ter sido muito mais importante para nossos antepassados do que encontrar as melhores respostas. Em especial, quando essas respostas não tinham consequências importantes para a sobrevivência, concordar com nossos grupos, aceitando ou convencendo, foi[2] uma estratégia ótima para ascensão social e para garantir que nossos ancestrais tivessem mais descendentes. E esses descendentes somos nós.

Isso sugere que vale a pena investigar não apenas as características de nossas mentes e nossos raciocínios, mas também como nossas sociedades são estruturadas. Há quem afirme que tudo acontece como consequência das características e ações dos indivíduos e também quem afirme que tudo é consequência de como a sociedade funciona. Na verdade, ambos os efeitos são fundamentais para entender sociedades humanas: tanto nossa natureza quanto nosso ambiente ajudam a nos moldar. Não faria sentido explorar apenas um lado. Já começamos a falar de efeitos de sociedade ao perceber que nossa própria natureza foi provavelmente moldada para facilitar a vida em sociedade. Também consideramos como outras pessoas podem nos influenciar, o que é, sem dúvida, um fenômeno social. Mas há também outros aspectos que precisamos discutir, que dizem respeito a descrições mais gerais dos ambientes em que vivemos.

* * *

Você já reparou que, frequentemente, pesquisas de opinião mostram algo bastante diferente do que você observa em seu círculo de amizades?

Acontece em pesquisas eleitorais, sobre o que as pessoas pensam a respeito de uma determinada política ou produto. Você vê a pesquisa e ela diz que há uma opinião em que quase nenhum dos seus amigos acredita e, no entanto, na pesquisa, uma porcentagem bem grande da população diz que a defende. Às vezes, 20% ou até metade das pessoas parecem gostar de um político. E, enquanto você até conhece uns poucos parentes que realmente gostem daquele político, eles são exceção. Claramente, uma minoria, casos raros.

A sensação, nesses casos, é que as pesquisas devem estar erradas. E isso é, de fato, uma possibilidade. Pesquisas são sujeitas a vieses, sim, e há problemas conhecidos. Mas os problemas que existem não são o suficiente, em geral, para explicar por que apenas 1 a cada 20 de seus amigos possui uma opinião que a pesquisa diz existir em 1 a cada 2 ou 3 pessoas. Pesquisas dependem de sorte, claro, e nunca fornecem o resultado exato. Há uma barra de erros e problemas técnicos bem difíceis para se estimar essa barra de erros. Esses problemas fazem com que o erro oficial seja, sim, menor do que o erro real. Além disso, quando há fortes pressões morais associadas a algumas das opções, as pessoas ouvidas pela pesquisa podem se sentir intimidadas e evitar as respostas que são percebidas como malvistas.

Esses efeitos são reais e, de fato, comprometem a qualidade das pesquisas. No entanto, mais uma vez, não são suficientes para explicar a discrepância entre o que observamos em nossos círculos de contatos e o que algumas pesquisas dizem. Além disso, vale notar que essa discrepância não acontece só quando comparamos nossos círculos. Elas também são observadas quando comparamos o que nosso grupo pensa com o resultado de eleições em que, em princípio, a população inteira pode se manifestar. Nesse caso, a menos de teorias conspiratórias, precisamos entender o porquê dessa diferença.

* * *

Há uma resposta curta para por que o que observamos em nossos grupos sociais não é uma boa previsão sobre como é a população inteira é. Essa resposta é exatamente o fato de que nossos grupos sociais não são a população inteira. Nós pertencemos a uma família específica, a uma classe social determinada. Andamos, em geral, com pessoas que têm um nível de educação semelhante ao nosso, que têm empregos no mesmo setor, que moram na mesma vizinhança. Cada um desses fatores torna o grupo de pessoas com quem interagimos mais parecido com nós mesmos do que o resto da população. E, sendo mais parecidos, é natural que as opiniões também tenham uma tendência a serem próximas, mesmo quando a sociedade como um todo tenha uma grande variedade de pontos de vista.

Mas o fato de que pertencemos a grupos específicos não é o único motivo pelo qual as opiniões de nossos amigos se parecem muito mais com as nossas próprias do que se compararmos nossas opiniões com a de pessoas aleatórias. Na verdade, nós provavelmente temos opiniões mais próximas das de nossos amigos até se compararmos apenas ao conjunto completo de pessoas com a mesma classe social, escolaridade e outras características. E não é difícil entender por quê. Em especial, além da influência do meio social geral, há dois fatores a se considerar.

Um deles é o fato de que nós influenciamos nossos amigos e conhecidos e somos influenciados por eles. Esse é um tema que já exploramos aqui e não deveria ser motivo de surpresa. Se evoluímos para pertencer ao grupo social onde vivemos e concordar com ele, é trivial esperar que concordemos com nosso grupo. E, da mesma forma, não é difícil perceber que, em outros grupos, a mesma dinâmica vai levá-los a concordar entre si, e não necessariamente com o nosso grupo. Pegue uma sociedade suficientemente grande, em que muitos grupos podem existir ao mesmo tempo e é quase inevitável que nem todos esses grupos concordarão entre si. Como nós temos contatos fora de nosso grupo, até vamos observar umas poucas pessoas que discordam. Mas, com uma tendência a concordar, a maioria que importa para nós concordará conosco. Mesmo que a maioria da sociedade não o faça.

* * *

Uma pergunta que surgiu desde que os primeiros modelos matemáticos para difusão de opiniões foram criados foi exatamente entender por que as opiniões tendem a ser muito próximas localmente, mas não o são quando olhamos a sociedade como um todo. A pergunta faz sentido porque, ainda que a influência mais forte aconteça dentro dos grupos, também é verdade que grupos, aos poucos, vão se influenciando. Seria de se esperar, portanto, que, num prazo maior, os grupos fossem lentamente convergindo para uma opinião em comum e, após um longo tempo, a sociedade chegaria a um consenso. O surgimento de novas ideias poderia retardar esse processo, mas, para ideias antigas, um simples mecanismo de copiar a opinião dos demais deveria levar a que todos, eventualmente, concordassem. E, de fato, muitos modelos levavam, após prazos suficientemente longos, a um consenso. Consenso que não observamos no mundo.

Uma possível explicação é que ainda não teria havido tempo suficiente para que todos concordassem. Mas a observação do que acontece em vários debates políticos mostra que esse não é o caso. Isso porque, se fosse apenas um efeito de que não houve tempo suficiente para se chegar ao consenso, deveríamos, ao menos, observar a sociedade lentamente se aproximando de um estado com menos discordância. E, frequentemente, observamos exatamente o oposto, com grupos se radicalizando e o ódio às pessoas com ideias diferentes apenas aumentando. Posições mais extremas, por vezes, tornam-se comuns, mesmo em debates que começam com poucos extremistas.

Com esse problema em mente, desenvolvi em 2007 um novo modelo para descrever a dinâmica de opiniões. Nesse modelo, as opiniões não eram apenas escolhas, mas eram escolhas que tinham uma força de opinião por trás delas. Quando as pessoas simuladas, que chamamos de agentes, eram influenciadas por outros agentes que concordavam com elas, suas opiniões tornavam-se mais fortes e, portanto, mais difíceis de ser alteradas. Nesse caso, se todos interagissem com todos, ainda observaríamos uma tendência de longo prazo ao consenso. Mas, ao incluir vizinhanças, em que cada pessoa era influenciada apenas pelos que estavam próximos, essa tendência desaparecia.

Uma forte tendência à discordância acontecia mesmo sendo possível, em princípio, que uma opinião se espalhasse por toda a população. O que acontecia nesse modelo é que grupos locais eram formados e, dentro desses grupos, as opiniões eram continuamente reforçadas, tornando-se mais fortes e extremas. Nas fronteiras, onde agentes ainda observavam discordância entre seus conhecidos, as opiniões tendiam a ser um pouco menos fortes. Mas o sistema ainda encontrava configurações nas quais, mesmo observando divergências, a grande maioria dos agentes tinha uma maioria de amigos que concordavam com eles. E, com isso, suas opiniões eram continuamente reforçadas.

Posteriormente, em 2013, investiguei o que aconteceria se todos os agentes pudessem se influenciar, sem grupos locais, mas com cada um alterando o quanto confiava nos demais de acordo com suas próprias opiniões. Ou seja, quando os agentes concordavam, tendiam a reforçar suas opiniões e também a aumentar confiança entre eles. E quando não concordavam, suas opiniões eram alteradas para concordar, sim, mas passavam a julgar o outro agente como menos confiável. Nesse caso, se os agentes começassem com uma alta confiança em todos, de fato, após algum tempo, a sociedade tendia ao consenso, com todos escolhendo uma opção em comum. Mas, se inicialmente houvesse pouca confiança, o efeito de diminuição dessa confiança fazia com que os agentes passassem a confiar apenas nos que concordavam com eles. E, com isso, a discordância permanecia na sociedade. Isso acontecia mesmo com todos confiando igualmente uns nos outros no começo, sem nenhuma desconfiança extra para opiniões diferentes.

O que aprendemos desses dois exercícios é que é perfeitamente possível que uma sociedade não se encaminhe a um estado em que todos concordam. Ao contrário, há mais de um efeito que pode levar à sobrevivência de opiniões distintas. Em um dos casos, a existência de grupos locais, nossos amigos, levava ao reforço das opiniões e, a partir daí, esses grupos causavam posições bastante extremas. No outro caso, mesmo não havendo grupos locais, esses grupos podiam aparecer naturalmente, mesmo mantendo a interação entre todos, a partir de um mecanismo de desconfiança. Mesmo quando ouvindo opiniões diferentes tão frequentemente quanto opiniões concordantes, ao não confiar nos que discordam, o mesmo fenômeno de tendência à discordância e ao extremismo também foi observado.

* * *

O que é especialmente interessante aqui para nós é perceber que, em especial no primeiro caso, cada agente vivia em uma vizinhança onde todos os seus amigos – ou, ao menos, a maioria – concordavam com eles. E isso acontecia enquanto existiam muitos, na população, que discordavam deles. Em especial, se a discussão começasse com cerca de metade da população apoiando cada uma de duas possíveis escolhas, a tendência de longo prazo era que cerca de metade dos agentes continuasse a apoiar cada escolha. Mas, localmente, isso não era observado. Nos grupos locais, maiorias claras eram formadas.

No segundo modelo, no qual não existiam vizinhanças, ainda assim observei condições em que os agentes se dividiam em relação a quanto confiavam uns nos outros. Vale notar que esse modelo era não realista, uma vez que, exceto por sociedades tribais em que todos se conhecem, no mundo atual, não é possível interagir com todas as outras pessoas. Podemos ter amigos do outro lado do mundo, mas, ainda assim, esses amigos formam uma rede de pessoas com quem cada um de nós interage. Muitos de nossos amigos são amigos entre si também, o que forma vizinhanças. E nós interagimos com centenas, talvez milhares de pessoas, não com impossíveis bilhões.

Ainda assim, o modelo estudava um outro conceito que também é central na explicação do motivo pelo qual concordamos local, e não globalmente. Isso porque escolhemos, sim, em quem vamos confiar. Mas vamos além do que foi implementado naquele modelo. Tendo escolhido em quem confiar, como vimos quando discutimos o viés de confirmação, tendemos a interagir com quem pensa igual a nós e evitar as interações com quem discorda. Ou seja, vamos ainda mais longe. Não apenas julgamos quem discorda como não confiáveis. Nós também alteramos nossas vizinhanças, até onde podemos, de forma que a maioria das pessoas que nos influencia, novamente, tenha a mesma opinião que nós já temos.

* * *

Ou seja, há vários efeitos que explicam por que concordamos localmente e discordamos em sociedade. O primeiro que discutimos é a estrutura social. Pertencer à mesma classe social, intelectual ou outra significa que crescemos com influências parecidas, o que já leva a uma tendência inicial à concordância.

Além disso, nós nos influenciamos. Nossos amigos passam a pensar de forma mais parecida com nossas opiniões porque nós ouvimos uns aos outros. E passamos a pensar de forma similar a eles porque, igualmente, somos influenciados por nossos amigos e nossos amigos são influenciados por nós e por nossos amigos em comum. E isso apenas reforça quaisquer influências sociais iniciais.

Mas também alteramos nossas redes de influência. Nós escolhemos em quem confiar. E, ao fazer isso, tornamos nossas vizinhanças, o conjunto de pessoas que realmente ouvimos e confiamos, ainda mais parecidas com nós mesmos. Nós criamos as bolhas onde vivemos e, dentro dessas bolhas, reforçamos nossas opiniões até que elas sejam tão fortes que pareçam óbvias. Ao fazê-lo, começa a parecer que a maioria das pessoas concorda conosco, mesmo quando isso está bem longe de ser a verdade.

Em resumo, se você observa que a maioria das pessoas pensa como você, isso não é evidência de que está certo, nem de que aquela opinião está certa. Sequer é evidência forte de que a sua opinião seja a mesma da maioria.

**Regras para um raciocínio melhor
(a serem melhoradas nos próximos capítulos, quando aprendermos mais):**

1. Se a pergunta que você quer responder é sobre um problema que você não encontra no dia a dia, não confie em seu raciocínio natural.
2. Há informações bastante úteis em grupos de pessoas. Multidões, no entanto, tendem a ser mais incompetentes que seus membros individuais.
3. Havendo forte influência social com supressão de opiniões discordantes, a opinião de muitos pode valer menos que a de um só.
4. Se alguém mostra bastante confiança em sua capacidade, frequentemente não é possível saber se essa confiança é justificada.
5. Se você (ou eu) está confiante que acertou, duvide de si mesmo. E se você sequer é um especialista no problema, sua confiança é quase certamente errada.
6. Há motivos para errarmos. Às vezes, procuramos respostas fáceis e rápidas. Mas, quando lidamos com incerteza, nossos cérebros podem assumir que há muito que não sabemos e corrigir nossas decisões mesmo quando isso não é necessário.
7. Nossas habilidades de raciocínio e de argumentar evoluíram não para encontrar respostas corretas, mas para permitir que aceitemos o que o nosso grupo exige e, quando possível, convencer nosso grupo a nos ouvir. Pertencimento importa mais aos nossos cérebros do que a verdade.
8. Ouvir nossos amigos e pessoas próximas não nos diz muito sobre o que a maioria das pessoas pensa. Nossa vizinhança pensa como nós por efeitos sociais, de influência e porque escolhemos pessoas que pensam como nós. Se a maioria das pessoas que você observa concordam com você, isso não é evidência de que você estaria certo.

Os culpados são eles! ∎

Chegamos a um ponto importante. Vimos que nós, humanos, cometemos muitos erros. E, finalmente, entendemos por que fazemos esses erros. Não é incompetência. De fato, raciocinamos tentando chegar a respostas rápidas, eficientes. Possivelmente preguiçosas. E, aparentemente, nossa mente está ajustada para lidar com um mundo complicado e cheio de incertezas. Mas não temos incertezas sobre assuntos que nosso grupo social considere fundamentais para pertencer ao grupo. Em assuntos que definem nossas identidades, nossas mentes parecem não se importar com o que é certo.

Estranhamente, isso é muito fácil de aceitar. Mas apenas em casos específicos. Afinal, todos nós conseguimos lembrar com facilidade de pessoas (ou grupos de pessoas) que consideramos tão erradas que algo deve estar errado com seus cérebros. Gente que segue cegamente certas ideias, acreditando naquilo contra todas as evidências e contra qualquer raciocínio razoável. E, de fato, existem grupos que fazem exatamente isso, realizando até grandes esforços para ignorar especialistas no assunto e evidências claras contra o que defendem. Quando os outros erram, nós percebemos rapidamente. Sabemos bem que isso acontece. Os problemas que eu descrevi são reais. Mas os culpados seriam eles. Não nós.

Exceto que não é isso o que dizem todos os experimentos. E, nesse caso, aceitar o fato pode ser tão difícil que eu resolvi dedicar um capítulo a não dizer nada além do fato de que tudo o que expliquei até agora não é sobre eles. Não só, ao menos. Não estou falando dos outros. Estou falando de mim mesmo. De você que está lendo. Das pessoas cuja opinião você respeita acima de tudo. Todos nós cometemos esses mesmos erros. Todos nós temos cérebros que manipulam informações para culpar aqueles de quem discordamos. E para convencer ou ser convencido pelos que julgamos confiáveis. Somos humanos.

A lição é simples. E dura. Se você tem uma crença e se define por essa crença, seu cérebro está trabalhando duro para enganar até você mesmo e defender essa crença. O que quer dizer que suas justificativas para o que você acredita de forma mais fundamental não são sólidas. Vale lembrar mais uma vez que não estamos falando de preferências, essas são escolhas pessoais. Se os seus valores se alinham mais com a esquerda ou com a direita, outros podem não gostar, mas são suas preferências. Há questões que são puramente ideológicas e a ciência não vai resolvê-las. Certo e errado, nesse caso, dependem de valores morais e esses têm certamente um importante componente social. Não sabemos como fazer diferente. Nem sabemos que seria errado o que fazemos. Por enquanto, ao menos, nos resta aceitar que a forma como raciocinamos é compatível com nossas questões morais.

É quando nossos valores se misturam com descrições do mundo que as coisas ficam mais complicadas. Se o seu grupo defende que o mundo é de uma certa forma, ou que determinadas mudanças teriam um efeito específico, você saiu da área de preferências e entrou no campo de descrever como o mundo funciona. Nesse caso, nossos cérebros atuam de forma motivada pelas nossas escolhas e os debates são profundamente influenciados pela posição de cada um. Mas para perguntas sobre como são as coisas, as nossas preferências não importam e não alteram a realidade. Em nada. O mundo é e será como é e como será. Cabe a nós aprender. Até mesmo se queremos seguir na direção de uma preferência, saber a verdade é a melhor estratégia para ter boas chances de ir tão perto quanto possível do que queremos. Ao defender descrições ou ações porque seu grupo as recomendou, você realmente deveria parar e entender que a sua concordância não se deve ao fato de que aquelas ações ou descrições são, de fato, melhores ou corretas. Se deve a como nosso cérebro nos engana, tentando desesperadamente conciliar nossas opiniões com aquelas de quem julgamos importar. Não sabemos separar ideologia de ciência. Nunca soubemos. Mas precisamos aprender a fazê-lo.

* * *

Vale reforçar. Esse não é um problema dos outros. Ao contrário. Experimentos foram feitos para verificar se conservadores e liberais (de acordo com as definições estadunidenses dos termos) se comportariam de forma diferente ao analisar informações. O que se observou foi que todas as pessoas, não importa onde estavam no espectro político, distorciam informações para apoiar suas conclusões favoritas. Há importantes diferenças em como esses mesmos grupos fazem escolhas. Há diferenças, por exemplo, na importância que cada grupo dá a distintos fatores relevantes para julgamentos morais. Questões sobre ser puro, por exemplo, importam muito mais para os conservadores do que para os liberais. E há diferenças até mesmo no quanto de ambiguidade é aceitável e qual o valor dado a pensamentos estruturados. Mas raciocínio motivado, em que se distorce informações para que a conclusão desejada pareça mais forte, é algo feito por todo mundo.

E esse comportamento de apoiar nossas ideias e nossa gente se estende até mesmo a julgamentos morais. Ryan Claassen e Michael Ensley pediram a participantes avaliarem uma pessoa que teria cometido ações moralmente erradas, mas comum em campanhas políticas. Essas ações incluíam coisas como roubar cartazes que defendiam um lado ou fazer telefonemas de propaganda contendo informação falsa. O resultado foi que todas as pessoas, independentemente de onde estavam no espectro político, julgavam que, quando essas ações eram praticadas para defender seu lado, seriam transgressões menores. E seus praticantes eram perdoados como malandros simpáticos. Já quando as mesmas ações aconteciam contra suas causas, seus praticantes eram considerados criminosos degenerados. Quando ideias que definem nossas identidades estão em jogo, nossos cérebros mentem para nós e são extremamente injustos em suas avaliações.

* * *

Em resumo, os culpados não são eles. Não são os idiotas que não enxergam a verdade tão claramente como nós. Os culpados por nossos erros são nossos próprios cérebros. O meu, o seu, o de seu ídolo ou pensador favorito. Resta perguntar o que fazer para nos proteger desse problema. Ou, ao menos, minimizá-lo.

**Regras para um raciocínio melhor
(finalmente atualizadas!):**

1. Se a pergunta que você quer responder é sobre um problema que você não encontra no dia a dia, não confie no raciocínio natural de ninguém.
2. Se alguém mostra bastante confiança em sua capacidade, frequentemente não é possível saber se essa confiança é justificada.
3. Se você sequer é um especialista em um problema, confiar em sua opinião é errado.
4. Há vários motivos para errarmos.
5. Erramos também porque pertencer a grupos sociais foi muito mais importante para nossos ancestrais do que estar correto.
6. Ouvir nossos amigos e pessoas próximas não nos diz muito sobre o que a maioria das pessoas pensa. Se a maioria das pessoas que você observa concorda com você, isso não é evidência de que você estaria certo.
7. Nossas habilidades de raciocínio e de argumentar evoluíram não para encontrar respostas corretas, mas para permitir que aceitemos o que o nosso grupo exige e, quando possível, para convencer nosso grupo a nos ouvir. Pertencimento importa mais aos nossos cérebros do que a verdade.

Eu quero ter certeza! ∎

Apesar de nossos erros, apesar de nossos cérebros trabalharem prioritariamente para pertencer a nossos grupos sociais até em detrimento de encontrar a verdade, nós avançamos muito. Alteramos completamente o mundo ao nosso redor, para bem e para mal. Conseguir comida é um problema sério para todos os animais e foi um problema sério para nossos ancestrais; morrer de fome é uma forma de morte comum na natureza, onde a comida é escassa. Enquanto isso, produzimos quantidades de alimento que seriam suficientes para alimentar todos os seres humanos do planeta. Erradicamos inúmeras doenças e estendemos nossa expectativa de vida. Exploramos o fundo dos oceanos, temos pessoas vivendo no polo sul e artefatos robóticos explorando outros planetas, assim como os limites do nosso sistema solar. Apesar de todas as nossas limitações, é claro que fazemos algo que funciona. Parte do que aprendemos realmente permite que avancemos. E muito. Ou seja, encontramos respostas que, ou estão certas, ou estão tão perto do correto que são capazes de nos fornecer as ferramentas necessárias para esses incríveis avanços. Depois de tudo o que discutimos, depois de aprender que nossos cérebros têm menos interesse em ser racionais e perseguir a verdade do que gostaríamos, resta uma pergunta. Como fomos tão longe?

* * *

A resposta mais padrão – e basicamente correta – é que aprendemos todas essas coisas através da ciência. É verdade, claro. Mas, dito assim, não responde nada. O porquê continua não respondido. Precisamos entender o que permite à ciência resistir a nossos impulsos de abandonar a busca por melhores respostas e nos contentar com as que já temos. Isso é necessário para saber em quem podemos confiar. Mas também pode ser muito útil para os próprios cientistas aprenderem como podem aprimorar suas práticas.

Comecemos, então, a busca pelo que faz a ciência ser diferente através de seus casos de maior sucesso. E o exemplo mais impressionante são de ideias, incluindo algumas muito estranhas, que, quando testadas, funcionam muito bem, que é o caso da Física. Em termos gerais, o que faz com que os resultados em Física sejam tão sólidos?

Duas respostas complementares vêm imediatamente à mente. O uso intenso de observações e a forma como todas as suas ideias são descritas em termos matemáticos. E ambas são, de fato, parte do motivo do sucesso da Física, assim como de várias outras áreas.

O uso de observações, sabendo como nossos cérebros funcionam, é uma necessidade inescapável. Se não podemos confiar em nossas habilidades de distinguir qual a ideia seria mais correta simplesmente pensando, precisamos realmente olhar para o mundo. E ver o que cada ideia prevê, o que esperar se cada possível descrição estiver correta e, a partir daí, determinar qual ideia (ou ideias) forneceu previsões mais próximas do observado. Teríamos então uma ou várias vencedoras, assim como várias ideias que poderíamos eliminar da competição como sendo falsas. E, uma vez que as previsões de cada ideia continuassem a ser testadas, alguma ideia seria confirmada mais do que suas competidoras. Teríamos mais confiança que aquela é uma boa ideia. Incidentalmente, com boas previsões, podemos também prever novos fenômenos. E, sendo novos, esses fenômenos que descobrirmos a partir da teoria podem, se confirmados, permitir o avanço da tecnologia. Por exemplo, não sabemos se a Mecânica Quântica é perfeitamente correta. Provavelmente há alterações que serão necessárias para uma teoria ainda mais completa. Mas ela permitiu enormes avanços tecnológicos. Completamente correta ou não, como ela prevê muito bem o resultado de experimentos, podemos usar essa informação para criar coisas novas. Afinal, sabemos o que vai acontecer.

Essa descrição do funcionamento de uma ciência de sucesso soa correta. Há bons conselhos sobre prática aí, incluindo a necessidade de que a decisão sobre as ideias venha dos fatos, e não da preferência dos pesquisadores. Afinal, nossos pesquisadores são todos humanos. Inteligências artificiais, ainda que muito úteis em alguns problemas específicos, estão longe de realizar o trabalho completo de um cientista. E ainda que possamos programá-las para se preocupar com a melhor descrição, e não com concordar com o grupo (algo impossível de fazer com humanos), não sabemos ainda o quão longe conseguiremos avançar nesse sentido.

Outro aspecto, ou conselho, que surge nessa descrição é a necessidade de que ideias façam previsões. Porque a avaliação de quais ideias seriam melhores viria exatamente da comparação entre o que é previsto e o que é observado.

Mas como podemos fazer previsões? Deixadas para o nosso raciocínio natural, nossas conclusões podem ser severamente afetadas por nossos vieses. Em especial, quando uma observação já for conhecida, cada defensor de uma teoria ajustará seu raciocínio para afirmar que aquela observação se ajusta perfeitamente a suas ideias. Afinal, como vimos, somos especialistas em racionalizar, encontrar desculpas que mostrem que estamos certos. Salvar uma teoria, incluindo ideias a mais que ajustem o que ela diz para fornecer previsões corretas e já conhecidas é uma atividade mais fácil do que parece. As previsões de fenômenos já conhecidos, assim, se tornariam quase sempre compatíveis com as observações e escolher teorias se tornaria uma atividade quase impossível. Cada um defenderia a sua e a Física não seria o incrível sucesso que é, permitindo a previsão de novos fenômenos antes de estes serem observados.

A sugestão de que as previsões deveriam ser feitas antes das observações pode parecer uma solução para esse problema. Mas não é. Isso porque uma previsão pode falhar porque a ideia central por trás dela está errada. Mas pode também falhar por outros motivos. A ideia poderia estar correta, mas a previsão pode ter sido feita sem levar em consideração outros fatores que também afetariam o resultado. Ficamos então com um sério problema de como determinar quais são realmente as previsões de uma ideia ou teoria.

* * *

As ciências exatas resolvem esse dilema de uma forma simples. As previsões devem depender o mínimo possível da intervenção humana. E, por sorte, ao usar uma linguagem matemática,[3] é exatamente isso que acontece. A escolha por basear raciocínios científicos em Matemática não foi feita de forma consciente porque nós erramos tanto. Esse fato pode ter tido algum peso para um ou outro pensador, claro. Mas, até recentemente, a descrição predominante do ser humano era a de um animal racional. E, mesmo que cientistas e filósofos pudessem concordar que seus oponentes, por vezes, não eram completamente racionais, todos viviam na ilusão de que esses eram problemas das outras pessoas. Não deles mesmos. Nós seríamos racionais; irracionais, apenas os demais.

Ainda assim, a Matemática foi se mostrando uma ferramenta muito adequada para resolver problemas que nós erraríamos de outra forma. Coisas simples como contar, somar, subtrair e multiplicar são extremamente úteis para garantir a honestidade em transações comerciais. Conceitos de geometria como a área de superfícies são imediatamente aplicáveis se uma pessoa quiser dividir um terreno de formato não muito simples e quiser que cada pessoa receba a mesma área. Mesmo que alguém queira dividir o terreno de forma que haja áreas maiores para alguns, o conceito continua sendo útil. Métodos de medida levaram a problemas e a buscas por respostas que funcionassem bem e que fizessem as pessoas perceberem que estavam certas Em Matemática, podemos procurar por métodos que não apenas nos deem respostas certas. Sob as circunstâncias corretas, podemos dizer que temos certeza que estamos certos. Ao menos, dentro da Matemática.

Se conseguimos ter algum tipo de certeza, isso poderia evitar problemas com nossos vieses, certo? Poderíamos usar a Matemática, assim como outras formas de Lógica, para decidir o que é verdade ou não. E, de fato, a ideia de basear nosso conhecimento em princípios lógicos sólidos está conosco ao menos desde a Grécia antiga. No fim do século XIX e começo do XX, esse objetivo chegou a virar um sólido projeto de pesquisa, com alguns dos melhores matemáticos da época se dedicando plenamente a encontrar formas de deduzir todos os resultados da Matemática a partir de poucas ideias, ou axiomas básicos. Alguns dos proponentes desse projeto tinham até mesmo o objetivo mais remoto de verificar se eles poderiam continuar nesse caminho e encontrar as leis que regem o Universo, as leis da Física, como consequências da Matemática.

Para entender melhor esse projeto (que deu errado), é necessário entender o que realmente significa para especialistas na área, assim como para cientistas teóricos fazer Matemática. A primeira coisa a notar é que esses profissionais não fazem nada parecido com a prática escolar de fazer continhas. Contas de matemáticos parecem um amontoado de letras estranhas nas quais você pode até encontrar os números zero e um com alguma frequência, eventualmente um dois. Esses amontoados são, na verdade, frases que nos dizem como quantidades diferentes estão relacionadas. As quantidades podem ser qualquer coisa, desde distâncias percorridas e velocidade, até dinheiro ganho ou como o tempo transcorre de forma diferente para observadores distintos. Temos frases e regras sobre como alterar essas frases de forma que, se as frases anteriores estiverem corretas, garantimos que todas as subsequentes também estarão. Aprender Matemática é entender como essas regras funcionam, aprender que formas de falar já foram inventadas e como garantir que o que diremos estará certo. E como criar novas frases, línguas e gramáticas.

* * *

Dois livros, ambos escritos na Grécia antiga, formam a base do que chamamos hoje de raciocínio dedutivo. Eles nos ensinaram formas corretas de se deduzir ideias a partir de outras. Um deles, o *Organon*, escrito por Aristóteles, descreve como podemos concluir algo com certeza quando usamos argumentos não matemáticos, mas argumentos que usam a nossa própria linguagem natural. E, mesmo nesse caso, há situações em que podemos sim chegar a conclusões que são necessariamente verdadeiras, supondo que aceitemos como verdadeiras algumas afirmações iniciais. Essas afirmações iniciais são chamadas de premissas. Em princípio e idealmente, premissas deveriam ser tão óbvias que não restasse nenhuma dúvida sobre se elas seriam verdades ou não.

Um exemplo clássico de como aceitar premissas nos obriga a aceitar uma conclusão está no seguinte raciocínio:

Sócrates é um homem (premissa 1)
Todos os homens são mortais (premissa 2)
portanto
Sócrates é mortal (conclusão).

É bastante claro que, se concordamos com as duas premissas, somos forçados a concordar com a conclusão. Se não houver dúvidas sobre as premissas, também não restarão dúvidas sobre a conclusão. E, se discordarmos da conclusão, uma das premissas deve estar errada. Essa possibilidade fica mais clara em um segundo exemplo também bastante conhecido.

Leda é uma cisne (premissa 1)
Todos os cisnes são brancos (premissa 2)
portanto
Leda é branca (conclusão).

Se as duas premissas forem verdadeiras, a conclusão também tem de ser. É o que chamamos de prova. Assumindo algumas ideias (premissas, axiomas, postulados, o termo muda em aplicações diferentes) como verdadeiras, podemos provar que outras também o são. Mas apenas enquanto aceitarmos que as ideias iniciais realmente valem. No exemplo da cisne Leda, provamos que Leda é branca, sem dúvidas, mas apenas se não houver dúvidas sobre as duas premissas. Leda pode não ser branca e a conclusão ser falsa. Mas isso exige que ou Leda não é um cisne ou nem todos os cisnes são brancos.

Toda a estrutura para formas lógicas descrita por Aristóteles e posteriormente expandida por outros funciona assim. Provas são sobre conexões entre ideias. Você apenas prova algo se assumir outro fato como sendo verdadeiro. O problema já era reconhecido plenamente por Aristóteles, que propôs regras de indução para escolhermos ideias a serem consideradas inicialmente verdadeiras. Mas os métodos da indução não são tão sólidos. Podemos até concluir que algumas ideias são muito razoáveis e até muito provavelmente verdadeiras. Mas muito provavelmente é diferente de certeza. Métodos lógicos são excelentes ferramentas para dizer o que é uma consequência do quê. Mas eles não dizem o que é a verdade. Eles apenas nos dizem que se um certo conjunto de afirmações for verdade, outras afirmações bem determinadas também o serão. A Lógica nada diz sobre o que vale no mundo real, exceto para problemas triviais. Como, por exemplo, a conclusão, ao observar um cisne negro, de que nem todos os cisnes seriam brancos. E, mesmo nesse caso, precisaríamos ter certeza de que realmente observamos um cisne negro e não alucinamos.

* * *

No campo da Matemática, a história se repete. Temos também um livro fundamental, *Os Elementos*, de Euclides, talvez a obra mais importante de toda a história da ciência. Nele, Euclides apresenta pela primeira vez, até onde sabemos, o formato pelo qual a Matemática será feita nos milênios seguintes. Formato que continuamos a obedecer hoje. O problema que interessava a Euclides era a geometria. Coisas como retas, triângulos, ângulos, e assim por diante. E, nos seus livros, Euclides apresenta uma receita bem clara sobre como o raciocínio matemático deve ser feito.

Primeiro, Euclides definiu os elementos que seriam discutidos em seu livro. Exatamente as coisas que acabamos de mencionar, ou seja, ponto, reta, segmentos de reta, superfícies. Essas definições podem encontrar similares na vida real. Mas, em princípio, são apenas o que está definido no livro. Além das definições básicas, Euclides incluiu também cinco axiomas básicos, os postulados da geometria euclidiana. Em princípio, os postulados deveriam ser afirmações tão óbvias que não há como se duvidar delas. E os primeiros quatro, que contêm afirmações como o fato de que é sempre possível passar uma linha reta entre dois pontos, são muito óbvios.

O quinto postulado, no entanto, é menos claro. Quando você o entende e pensa bastante sobre ele, ele soa correto. Mas ele não é algo tão óbvio. E, de fato, muitas pessoas tentaram, sem sucesso, demonstrar que ele seria uma consequência dos outros quatro. Dessas falhas, nós aprendemos algo fantástico. O quinto postulado é necessário, sim, para muitas das provas matemáticas que Euclides incluiu em seu livro e, sem ele, muitas coisas que aprendemos na escola não podem ser demonstradas. Mas, por outro lado, é perfeitamente possível estudar uma geometria em que ele não é obedecido. Essas geometrias são chamadas de não euclidianas e estão por trás do que os físicos querem dizer quando afirmam que o espaço (ou o espaço-tempo) seria curvo. Nesse caso, muito do que aprendemos na escola simplesmente não é mais verdade e muitos teoremas são trocados por versões mais difíceis. Mas permanece o fato de que podemos fazer geometria com ou sem o quinto postulado.

Qual está certa, então? Se a pergunta for sobre qual descreve bem o mundo, respondê-la é uma questão de observar qual funciona. Até onde sabemos, o Universo é perto de não ser curvo em larga escala (mas essa é uma pergunta em aberto), mas, em regiões onde a gravidade é muito intensa, realmente precisamos de geometrias curvas. Em contrapartida, se a pergunta é apenas sobre Matemática, a resposta é que ambas estão corretas. Em ambos os casos, podemos calcular as consequências dos postulados que aceitamos. Em ambos os casos, chegamos a conclusões que não contêm incoerências. Ambas as geometrias, plana e curva, funcionam bem como áreas da Matemática. E as demonstrações feitas a partir de cada uma são absolutamente corretas, novamente, se supusermos que seus postulados básicos estão corretos. Mude os postulados e, a princípio, você terá uma matemática inteiramente nova. Depende também, é claro, de seus postulados não conterem contradições. Se a sua nova matemática será útil e em quais problemas isso acontecerá é uma pergunta considerada fora da área da Matemática pura. Entramos aí nas aplicações de Matemática e em problemas científicos.

* * *

Contudo, quando olhamos como teorias matemáticas fazem previsões sobre o mundo real, estamos ainda no reino de axiomas básicos e previsões. Os cientistas propõem ideias que consideram suficientes para descrever bem um fenômeno ou toda uma classe de fenômenos. Ao escrever essas ideias em notação matemática, podemos calcular quais as consequências dessas ideias para as coisas que podemos observar. E, o que mais importa, nossa habilidade de racionalizar não consegue atrapalhar essa etapa. Quando alguém aponta um erro em uma demonstração matemática, não há dúvidas de que o erro está ali e do que deve ser feito para se obter o resultado correto. É claro que essa habilidade exige especialistas. Mas, com dedicação e estudo suficientes, qualquer um pode perceber o erro.

A dedicação necessária pode exigir muitos anos de estudo, claro. Mas o que realmente importa é que os erros são visíveis e como obter os resultados corretos também.[4] Ou seja, errar uma conta matemática bem definida para se obter um resultado desejado apenas geraria problemas, uma vez que logo as pessoas que não concordam conosco encontrariam nosso erro. Isso destruiria tanto nosso argumento quanto prejudicaria nossa reputação. Não há incentivos para nosso grupo quando todos podem facilmente encontrar uma manipulação, consciente ou não.

É claro que a situação como um todo não é tão simples. Nós conseguimos garantir que as demonstrações estão corretas usando uma linguagem matemática, revisando as nossas contas várias vezes, e permitindo que o resto da comunidade observe e repita nossos cálculos. Mas os resultados dessas demonstrações dependem de quais ideias incluímos. É como o que vimos acontecer em geometria, com uma versão euclidiana, plana, e uma versão não euclidiana, curva. Em ambos os casos, os primeiros quatro postulados são os mesmos. Ou seja, se nos perguntarmos quais são as consequências desses quatro postulados, como seria o mundo se eles forem obedecidos, a única resposta possível é que depende. Depende do que mais assumimos como verdade.

Ainda assim, foi, e ainda é, um avanço formidável na criação de formas sólidas de argumentação, em que as conclusões não dependem de nossas preferências. A Matemática permite que os nossos vieses influenciem menos nossas conclusões. É possível, sim, que a Matemática seja a linguagem na qual as regras do Universo são escritas, como algumas pessoas sugerem. Mas isso é algo que não sabemos. O que realmente sabemos é que a Matemática permite que nossos argumentos sejam muitíssimo mais confiáveis e precisos do que a linguagem humana permite. E esse é o motivo essencial pelo qual ela é útil e parece ser capaz de feitos incríveis. Ela evita muitos de nossos erros.

**Regras para um raciocínio melhor
(finalmente atualizadas!):**

1. Se a pergunta que você quer responder é sobre um problema que você não encontra no dia a dia, não confie no raciocínio natural de ninguém.
2. Se alguém mostra bastante confiança em sua capacidade, essa confiança é frequentemente não justificada.
3. Se você sequer é um especialista em um problema, confiar em sua opinião é errado.
4. Há vários motivos para errarmos.
5. Erramos também porque pertencer a grupos sociais foi muito mais importante para nossos ancestrais do que estar correto.
6. Se a maioria das pessoas que você observa concorda com você, isso não é evidência de que você estaria certo.
7. Nossas habilidades de raciocínio e de argumentar evoluíram para permitir que aceitemos o que o nosso grupo exige e, quando possível, para convencer nosso grupo a nos ouvir. Pertencimento importa mais aos nossos cérebros do que a verdade.
8. Temos métodos confiáveis para saber quais ideias são verdadeiras, mas apenas se assumirmos outras ideias como verdadeiras para começar. Ainda assim, Lógica e Matemática evitam manipulações na argumentação e permitem uma precisão muito maior em nossas conclusões.

Nossas histórias
e o mundo ∎

Quando eu assisto a um filme e a história tem falhas sérias, essas falhas podem realmente atrapalhar a minha diversão. Pequenas falhas acontecem com frequência em todos os tipos de histórias, sejam livros, cinema, televisão, teatro. Nenhum autor é perfeito e pequenas imperfeições são esperadas. Mas quando o problema é mais sério e fica claro que a cena não poderia ter acontecido daquela forma, o efeito para mim é bastante negativo. Podem ser personagens que, no meio de uma perseguição, param para uma conversa pessoal enquanto os perseguidores convenientemente esperam. Pode ser uma história em que um personagem cai de uma altura grande demais para sair andando. Ou heróis que simplesmente se esquecem de poderes que eles tinham em algumas cenas anteriores porque um roteirista preguiçoso precisa que eles esqueçam para criar tensão em uma cena.

Note que falhas de roteiro não se dão porque algo que aconteceu na história não aconteceria em nosso mundo. Se a história for da fantasia, com mágica e bruxas, é natural que coisas fantásticas aconteçam. Da mesma forma, uma pessoa com força descomunal em uma história de super-heróis é absolutamente normal. Em cada um desses casos, o escritor assume que o mundo onde a história se passa obedece a leis que são diferentes das regras que valem no nosso universo.

Para o leitor ou para quem assiste ao filme, ao menos aqueles que são como eu, o que importa é que a lógica interna seja respeitada. Equivalências com nosso mundo podem ser assuntos interessantes de discussão, mas, se a obra se passa em um tipo diferente de universo, essas equivalências podem falhar. O que não pode falhar, na maioria dos casos, é a consistência com as regras da obra. Suponha que o autor deixe bem claro que seres de uma determinada espécie são vulneráveis a uma rocha vermelha e que a simples proximidade dessa rocha os deixa doentes. Se, mais tarde, um ser dessa espécie estiver perto dessa rocha, nós esperamos que ele fique doente. A doença pode não acontecer se o autor tiver uma explicação. Talvez a rocha não afete a todos. Talvez aquele ser seja, na verdade, um espião de uma outra espécie e aquela é uma pista que o autor deixa para que nós, leitores/espectadores, possamos começar a desconfiar do personagem. Há, obviamente, muitas explicações possíveis. Mas, nesse caso, nós esperamos uma explicação. E, se ela nunca vier, nós vamos, sim, dizer que o autor cometeu um erro. Há uma falha de roteiro, um problema.

É claro que há tipos de obras, em especial, obras cômicas, em que as regras podem ser subvertidas de forma proposital. Se o objetivo é escrever algo que beire ou até mesmo abrace uma forma surrealista, a quebra de regras é esperada e incompatibilidades entre o que é dito, por exemplo, na página 42 e o que acontece na página 137 são esperadas. Mas, até aqui, há uma regra que o autor tenta obedecer, ainda que seja que leis que são enunciadas como verdadeiras não precisam ser posteriormente respeitadas, e quebras de lógica interna são mais do que aceitáveis, elas são esperadas.

Viver em um mundo assim seria um problema para um cientista tentando entender como as coisas funcionam. Ainda assim, em muitas obras, um cientista poderia tentar antecipar qual o tipo de quebras de regras poderiam acontecer em seu mundo. Dependendo do autor, faz sentido esperar que coisas impossíveis, mas que julgue divertidas, tenham boas chances de acontecer. Um cientista em um mundo assim teria como seu trabalho compreender a mente do autor. Esse cientista não precisa assumir que há um autor. Ele pode fazê-lo ou não, se suas previsões capturarem as regras gerais, ele terá tido sucesso. Para nosso cientista ficcional, o mundo é daquela forma e resta a ele entender o que é possível esperar para o futuro. Talvez, esse trabalho se mostre impossível. Mas é também possível que o nosso cientista ficcional descubra algumas regras que, de fato funcionam, ainda que não sempre. Resta esperar que as regularidades observadas realmente sejam respeitadas e que obedeçam a algum tipo de estrutura compreensível.

Autores e escritores, em geral, usam apenas o raciocínio natural para contar suas histórias. E, muitas vezes, isso é mais do que o suficiente para garantir a lógica interna das histórias. Além disso, há muitos problemas que são comuns em diversas histórias e para os quais ainda não sabemos aplicar descrições precisas usando Lógica ou Matemática. Nossa vida sentimental é um caso assim. Sendo um tema que nossos cérebros entendem bem, é natural que os autores o utilizem nosso raciocínio natural como ferramenta principal (ou única) na criação da trama de suas obras.

Ainda assim, existem situações em que, quando olhadas de perto, um pouco de ajuda Matemática teria sido útil. Quando personagens saem de uma localidade e, sem acesso a meios de transporte rápidos, andando a pé, se encontram a centenas de quilômetros de distância ou mais na manhã seguinte, é óbvio que há um erro. Um simples cálculo de velocidade poderia ter ajudado, e muito, a estimar quanto tempo teria sido necessário para chegar àquela distância. Claro, essas inconsistências não incomodam a todos. Mas, para quem as percebe, elas podem estragar parte do prazer com a história que está sendo contada. Ainda assim, dependendo do público a que a obra de destina, se o objetivo do autor é apenas entreter, sem uma preocupação com consistência interna, cometer erros poderia não ser um problema.

* * *

Entreter não é o objetivo principal quando fazemos ciência, quando tentamos aprender como o mundo realmente é. Cientistas se divertem e há bastante beleza em várias teorias, mas isso não é o objetivo central. Como sempre, cometer erros pode ser inevitável, afinal, somos humanos. Mas, sendo o objetivo obter descrições do mundo tão boas quanto possível, erros devem sempre ser corrigidos. Mesmo que tenhamos de voltar a uma história já completamente escrita e reescrever tudo. Ao tentar aprender sobre o mundo real,[5] precisamos confiar nas conclusões. Se queremos testar uma teoria, quanto mais sólidas forem nossas análises e previsões, melhor. E, para isso, quanto mais confiáveis e gerais forem nossas ferramentas, melhor também. Começamos, há milênios, usando nosso raciocínio natural. Mas, como vimos, ele tem limitações. Hoje podemos contar com várias ferramentas matemáticas, úteis tanto para entender as consequências de uma ideia quanto para analisar o que a informação que temos realmente nos diz.

Tudo isso, é claro, supõe que vivamos em um universo compreensível. De fato, assumimos que nossas habilidades mentais, ainda que com o apoio de nossas ferramentas lógicas e matemáticas, são capazes de aprender como o universo realmente é. Ou, falhando essa possibilidade, fornecer descrições próximas à realidade. Essa proximidade pode significar apenas que as previsões de nossas teorias são confirmadas por nossas observações. Supomos, sim, que vivemos em um universo que faça sentido, não em uma comédia de erros. Qualquer que seja o caso, no entanto, só é possível fazer o melhor que pudermos. Forças além de nossa compreensão e nosso controle estão, por definição, além de nossas capacidades. Pode não haver como aprender algo sólido sobre elas, mesmo se elas existirem. Resta, portanto, prosseguir tentando aprender o que podemos. E, olhando para nossas realizações, já fomos tão longe que é razoável assumir que vivemos, sim, em um universo que é ao menos parcialmente compreensível.

Nossos sucessos sugerem que há regularidades ou regras em nosso universo que podemos aprender e usar. Em diversas áreas, somos capazes de fazer excelentes previsões e, posteriormente observar que essas previsões estavam certas com uma precisão assombrosa. Já em 1960, Eugene Wigner escreveu um artigo sobre como a Matemática permitia previsões que ele considerava muito além do razoável. Na época, já havia previsões teóricas para os níveis de energia do hélio que eram comprovadas por resultados experimentais até uma precisão de uma parte em 10 milhões. Ou seja, se o resultado fosse escrito como um número como 10 milhões, com suas 8 casas decimais, a previsão e o observado teriam uma diferença apenas na última casa, das unidades. Os demais dígitos eram previstos corretamente havia mais de 60 anos. E a ciência apenas avançou desde então.

O uso de métodos lógicos e matemáticos é parte fundamental do conjunto de ferramentas que permitiu tais avanços. Ao escrever nossas teorias em termos matemáticos, podemos provar quais são as consequências de um conjunto completo de ideias e verificar se essas consequências realmente são observadas fora de nossos cálculos, no mundo real. Mas, apesar de todo esse sucesso e do poder de nossos métodos matemáticos, nem tudo é tão fácil ou tão bem conhecido. E há surpresas até mesmo em como fazemos essa atividade central em qualquer ciência, a saber, escolher quais teorias estão certas e quais podem ser descartadas.

* * *

A ciência também é uma forma de contar histórias. Contamos histórias sobre planetas, sobre animais, sobre outras pessoas. Mas queremos que essas histórias sejam verdadeiras, que elas nos digam como o mundo realmente é. Quando falamos de átomos ou de partículas ainda menores, sabemos que ninguém jamais observou um diretamente. São sinais em equipamentos cujo funcionamento temos perto de certeza de entender. E, quando descrevemos a natureza usando coisas como partículas subatômicas, tudo parece funcionar incrivelmente bem.

Tão bem que é possível, até provável, que nossas histórias estejam certas. Ou, ao menos, perto do certo, com alguns elementos faltando que ainda precisamos completar. Ainda temos perguntas a responder em todos os campos do conhecimento. Mas algumas das histórias que já temos descrevem muito bem o mundo. Ao menos em algumas áreas. Obviamente, precisamos de métodos para tentar descobrir quais histórias fazem um trabalho melhor. Em outras palavras, precisamos entender como a ciência sabe quais ideias ou teorias estariam corretas.

Uma descrição incompleta mas útil de como os cientistas escolhem ideias foi proposta na primeira metade do século XX por Karl Popper. Popper baseou-se no que discutimos aqui. Uma teoria pode e deve fazer previsões. Ao comparar essas previsões com o que observamos no mundo real, descobriríamos quais teorias o descrevem melhor. Ou seja, para saber se uma teoria seria aceitável, bastaria verificar quais previsões ela faz e comparar com as observações. Se tudo desse certo, a teoria sobreviveria até suas próximas previsões. Se não, seria descartada. Seria, portanto, uma exigência de qualquer teoria científica que ela fornecesse previsões claras.

Infelizmente, o processo real não é tão simples. Se uma previsão não é observada, nós sabemos que algo deu errado, sim. Mas não necessariamente o quê. Pode ser a teoria, pode ser um erro relacionado a como fizemos nossas observações. E pode ser que, ao calcularmos nossas previsões, incluímos suposições erradas sobre o mundo que eram necessárias para fazer as contas. E muitas dessas suposições não são parte da teoria que queremos testar. Talvez sejam essas suposições a mais que estariam erradas.

Um exemplo clássico desse problema é a história da descoberta de Netuno. Quando Urano foi descoberto, os cientistas previram sua órbita usando a teoria da gravitação de Isaac Newton. Mas as previsões tinham falhas maiores do que as esperadas, maiores que as incertezas dos instrumentos da época. Claro, o erro poderia ser na teoria da gravidade. Mas esta funcionava tão bem para todos os outros problemas que os cientistas procuraram uma alternativa. E havia uma. Se houvesse um planeta a mais, esse poderia alterar a órbita de Urano. Com isso, bastava calcular onde esse planeta a mais deveria estar para que a teoria da gravidade estivesse funcionando normalmente. E, de fato, lá estava Netuno, exatamente onde foi previsto. Não havia erros na teoria. As primeiras previsões da órbita de Urano tinham falhado ao não incluir um planeta que não era conhecido na época.

Observar um erro de previsão pode acontecer por outros motivos. E podem existir hipóteses adicionais (que devem ser checadas, obviamente) que consertariam as previsões de uma teoria. Fazemos isso até hoje. Quando o movimento das estrelas na galáxia não bate com as previsões, os cientistas supõem haver algum tipo de matéria escura. Quando a expansão do universo acelera de forma imprevista, supõem a existência de uma energia escura. Essas suposições adicionais podem estar certas. Pode haver falhas nas observações. E pode ser que as teorias que fizeram as previsões estejam erradas. No caso geral, pode haver erros nas previsões ou nos experimentos. Mas quando algo dá errado, podemos não saber o porquê por muito tempo.

Aqui também, pensar em ciência como uma história pode nos ajudar a entender o que acontece. Quando algum acontecimento em uma história parece contradizer algo que foi dito antes, é bem possível que descubramos nas páginas seguintes que a afirmação inicial era falsa. Se um suspeito tinha um álibi e, mais tarde, aparece uma testemunha que diz que o viu na cena do crime, é possível que o álibi seja falso. Mas também pode ter sido um erro da testemunha ou má-fé. Sabemos que as informações não são compatíveis, mas é necessário mais investigação para determinar o que provavelmente aconteceu. Se novas pessoas confirmarem o álibi, é provável que o problema seja a nova testemunha. Mas se outras pessoas confirmarem a história da testemunha, o álibi pode realmente ser falso. Uma história pode conter inúmeras reviravoltas. Mas, eventualmente, esperamos que uma das alternativas se torne mais e mais provável até que estejamos convencidos do que aconteceu. No mundo real, não há garantias de que vamos descobrir as respostas. Podemos levar décadas em um problema mais difícil. Mas, até descobrir, continuamos a procurar onde está o erro.

* * *

Um autor criativo, no entanto, é capaz de, a princípio, continuar criando novas formas de deixar o leitor em dúvida. E também é perfeitamente razoável – raro nas histórias policiais mais famosas, mas bastante comum na vida real – que simplesmente não exista evidência conclusiva sobre quem cometeu um crime. A dúvida, nesse caso, é a resposta mais correta para a pergunta sobre quem seria o culpado.

Pode até existir um suspeito principal, mais provável. Sem evidências sólidas, alguns personagens podem até dizer ter certeza de quem foi. Mas, como já vimos, certezas de seres humanos são informação pouco confiável. Dizer quem, com o que sabemos, parece ser o culpado, quem é mais provável que tenha cometido o crime não é um erro, mesmo se há dúvidas. Desde que, é claro, admitamos que temos dúvidas. Mas decidir com certeza, quando não há como saber é claramente um erro. Já no caso em que as evidências sejam realmente sólidas, a necessidade de tomar uma decisão pode nos levar, sim, a declarar alguém culpado. Ou a escolher uma teoria como sendo a nossa melhor descrição do universo. Mas isso não quer dizer que não encontraremos novas informações e surpresas nas próximas páginas. Ou décadas. Algum tipo de incerteza permanece e, portanto, vale a pena discutirmos, no próximo capítulo, o papel da incerteza em nossas opiniões, científicas ou não.

Regras para um raciocínio melhor (atualizadas!):

1. Se a pergunta que você quer responder é sobre um problema que você não encontra no dia a dia, não confie no raciocínio natural de ninguém.
2. Se alguém mostra bastante confiança em sua capacidade, essa confiança é frequentemente não justificada.
3. Se você sequer é um especialista em um problema, confiar em sua opinião é errado.
4. Há vários motivos para errarmos.
5. Erramos também porque pertencer a grupos sociais foi muito mais importante para nossos ancestrais do que estar correto.
6. Se a maioria das pessoas que você observa concorda com você, isso não é evidência de que você estaria certo.
7. Pensamos e raciocinamos para permitir que aceitemos o que o nosso grupo exige ou convencer os outros membros. Pertencimento importa mais aos nossos cérebros do que a verdade.
8. Métodos matemáticos e lógicos exigem ideias consideradas verdadeiras para começar.
9. Dado um conjunto de descrições matemáticas, podemos calcular possíveis consequências, verificando o que deveria acontecer se aquelas descrições forem verdadeiras. A Matemática é, nesse caso, uma ferramenta de contar histórias com menos furos.

Tudo é incerto ■

Se fôssemos capazes de fazer medições sem nenhum erro, nossas teorias, ao menos em alguns casos, poderiam fornecer previsões exatas sobre o resultado de experimentos. Mas, sempre que fazemos previsões, precisamos de informações sobre como é o sistema a ser previsto. Pode ser a massa e a posição de cada componente, ou a temperatura e a pressão, ou quanto de cada substância estamos misturando, ou o número de casos de uma doença e onde eles ocorreram. E assim por diante. Nenhuma dessas informações pode ser conhecida com certeza e precisão absolutas. Réguas medem apenas até milímetros. Experimentos mais sofisticados podem medir minúsculas frações de milímetros, mas sempre há um limite. O que é de se esperar, uma vez que não temos como medir as infinitas possíveis casas decimais de qualquer valor realmente exato. Sempre teremos de parar em algum número finito de casas.

No caso da doença, temos ainda outros problemas. Mesmo no caso ideal em que há testes disponíveis em quantidade suficiente, a incerteza nunca é eliminada. Testes podem dar errado, identificando pessoas que nunca pegaram a doença como contaminadas, ou o contrário. Além disso, normalmente há pessoas que contraíram a doença, mas não apresentaram sintomas graves e nunca foram testadas.

Qualquer que seja a informação que precisamos usar sobre o mundo real, ela sempre vem com algum tipo de incerteza. Essa incerteza pode ser pequena, mas nunca é nula. Ou seja, quando uma teoria faz uma previsão, essa previsão também não é exata. Se tudo for muito bem controlado e medido, podemos ter uma ideia das chances. Ou seja, podemos calcular as probabilidades que a teoria fornece para as observações estarem perto ou longe do valor previsto. Sendo probabilidades, não esperamos uma concordância perfeita. Pode acontecer que os resultados observados estejam tão longe da observação que as chances sejam desprezíveis. Nesse caso dizemos sim que as observações são incompatíveis com a previsão. O que, como vimos, pode ser falha da teoria ou de outros elementos que colocamos em nossas contas. Mas, quando a distância entre previsão e observação não é tão grande, não há como dizer se realmente são incompatíveis. E, se houver várias teorias competindo e que são compatíveis com o que foi observado, podemos não saber dizer qual é a correta.

* * *

Ou seja, mesmo que a teoria que estamos testando forneça previsões exatas, ao comparar com o mundo real, incertezas são inevitáveis e temos de nos preocupar com probabilidades. Mas nem todas as teorias que temos são capazes de fornecer previsões que, ao menos em princípio, não teriam incertezas. Ao contrário, há outras teorias segundo as quais o que obtemos de seus cálculos não são valores precisos, mas probabilidades. E, nesse caso, testar se as previsões estão certas já exige, por princípio e antes de qualquer problema com medições, que lidemos com incertezas. Há teorias, como, por exemplo, a mecânica quântica, em que os cálculos nos levam a probabilidades como resultado. Se pudermos efetuar muitas observações, é possível confirmar se os resultados previstos estão perto o bastante das proporções obtidas nos experimentos. Mas, reforço, precisamos de ferramentas para comparar chances teóricas com frequências observadas. Esse trabalho é feito pelos métodos estatísticos, a partir de cálculos de probabilidade. Novamente, precisamos de ferramentas, agora para lidar com incertezas.

Essas ferramentas se tornam ainda mais indispensáveis ao lembrarmos dos experimentos sobre como pessoas interpretam dados de forma errada para apoiar suas ideias favoritas. E, em especial, da observação de que ter maior capacidade não era proteção contra esse efeito. Ou seja, mesmo um cientista treinado poderia se deixar enganar por seus preconceitos ao olhar para os dados de um experimento. Portanto, a existência de técnicas que resumem de forma clara o que estamos observando ao fornecer medidas repetíveis e verificáveis é especialmente importante.

E é exatamente isso o que a estatística fornece. Mesmo em sua aplicação mais simples, como calcular uma média, estamos basicamente substituindo todos os dados por uma técnica de resumo. Não é diferente do resumo de um texto. Exceto que, com uma média, todas as pessoas que tiverem acesso aos dados podem verificar se a conta está correta. Com mais treinamento, aprendemos também o que uma média significa e o que ela não nos diz. Isso inclui saber para quais perguntas ela é uma medida útil e para quais ela não responde nada. Técnicas mais avançadas de estatística funcionam da mesma forma. A conta pode ser bem mais complicada e entender o significado do resultado também. Mas estamos sempre lidando com formas de resumir o que está nos dados. E, como qualquer resumo, há sempre detalhes que são deixados de fora. Saber o que cada método diz e o que não diz é parte do que qualquer pesquisador tem de aprender. Mas, seguindo sempre um padrão conhecido, as conclusões são verificáveis. Erros, de conta ou de interpretação, são mais fáceis de identificar do que em longos textos argumentativos. E é essa detecção facilitada de erros que torna a Estatística uma ferramenta fundamental no nosso aprendizado sobre como é o mundo. Os métodos avançam, mas isso não quer dizer que sejam perfeitos. Mesmo na criação de novos métodos, nosso desejo de ter certeza desempenhou um papel na criação de ferramentas que, mais recentemente, começamos a substituir por outras melhores. Mas, mesmo métodos não perfeitos, quando verificáveis, são melhores do que confiar na subjetividade humana.

Note que esse papel, de correção dos erros humanos, é o mesmo que o desempenhado pelos métodos matemáticos quando tentamos obter previsões a partir de teorias. Ao automatizar previsões e verificações, os cientistas podem se concentrar em suas histórias com menos chances de serem influenciados por nossos vieses humanos.

* * *

Um exemplo muito bem conhecido de como nossos cérebros podem atrapalhar nosso aprendizado – e os métodos que temos para evitar esse problema – pode ser visto na área de tratamento de doenças. É extremamente comum ouvir conselhos de outras pessoas sobre possíveis tratamentos que teriam funcionado para elas. "Eu tomei um suco de granito bem batido por treze dias e meio pela manhã e fiquei curado" é um tipo de frase comum de ser ouvida. Mas uma informação assim, ainda que bem-intencionada, é basicamente inútil. Porque, na grande maioria das vezes, nós nos curamos das doenças que pegamos. Algumas podem se tornar crônicas, claro. Mas é óbvio que só vamos morrer uma vez. E, portanto, mesmo que a causa da morte seja de fato uma doença, todas as demais inúmeras doenças que vamos pegar ao longo da vida não nos matarão. Apenas aquela final o fará.

Antes de nos curar, estávamos fazendo algo. Comemos e bebemos nos dias e semana anteriores. E o mais provável é que a grande maioria do que comemos e bebemos não tenha ajudado na cura, exceto por nos manter alimentados e hidratados, como outros alimentos também fariam. Ou seja, consumimos alimentos e bebidas que não têm propriedades especiais. Mas, pela coincidência, poderíamos atribuir a eles características que eles não possuem. Nós queremos saber, mas acreditamos em excesso em nossas experiências. E recomendar curas a pessoas de nosso grupo pode nos ajudar a ascender socialmente. Independentemente de a recomendação ter algum efeito ou não.

Erros dessa natureza não acontecem apenas entre leigos. Ao contrário, médicos também estão sujeitos a interpretar erroneamente o que veem em seus consultórios. Todos já ouvimos frases do tipo "isso não está comprovado, mas eu sei o que funciona na minha prática". Uma declaração dessas é sinal de que o médico, que pode ser um profissional muito bem treinado na identificação de doenças e em como funciona o corpo humano, não entende os problemas causados pela incerteza e os vieses humanos em seu trabalho. Pode haver exceções, se a informação, na verdade, não vem apenas da prática, mas também de estudos bem preparados dos quais o médico participa. Mas muitas vezes não é o caso. Lembremos que inteligência e preparo podem não ser proteções suficientes contra nossos vieses quando usamos nosso raciocínio natural no lugar de nossas ferramentas matemáticas.

Um dos problemas é que o número de pacientes que um médico atende e acompanha de perto não pode ser muito grande. E isso gera a chance de variações. Se jogarmos uma moeda honesta um milhão de vezes, devemos obter uma proporção bastante próxima de 50% de caras e 50% de coroas. Mas se jogarmos apenas 10 vezes, poderíamos observar 7 caras. Ou 8 coroas. Há até mesmo duas chances em mil de que todos os lançamentos saiam iguais. E, como há bem mais do que mil médicos no mundo, isso aconteceria com um número grande deles. Poucas observações são um problema em um consultório.

Além disso, a menos que um médico tenha tabelado todos os casos que observou e realmente analisado os dados com ferramentas estatísticas, ele fará sua análise a partir de suas memórias. E o número de maneiras pelas quais nossa memória pode nos enganar é enorme. Desde dar uma importância exagerada a poucos casos até o fato de que nossa memória não funciona como se simplesmente guardasse informações em caixas para abrir e olhar mais tarde, nossos cérebros recriam nossas memórias continuamente quando aprendem algo novo.

Pesquisadores médicos conhecem muito bem esses problemas (e vários outros) e existem técnicas e protocolos para evitá-los. Problemas com placebos, formas de aleatorização, grupos de controle, experimentos duplo-cego e vários outros métodos são noções que quem quer que faça pesquisa sobre novas curas conhece muito bem. E, mais uma vez, são ferramentas que auxiliam a nos livrar dos vieses introduzidos por nossos cérebros. Os métodos já são usados comumente pela comunidade médica e sendo basicamente obrigatórios, quando há a possibilidade de aplicá-los, em qualquer novo estudo. Mas nossas ferramentas são sempre aperfeiçoadas. Esse é um dos principais motivos pelos quais um bom profissional deve sempre se manter informado pela literatura de sua especialidade. Somos todos sujeitos à racionalização inerente a seres humanos.

* * *

A prática científica não nos leva a certezas. Nossos instrumentos que fornecem certezas funcionam, a exceção de problemas triviais, apenas nos mundos artificiais que criamos com nossas ideias. Esses mundos artificiais podem ser excelentes descrições do nosso mundo ou aproximações que capturam alguns aspectos enquanto perdem outros. Mas, por melhor que a descrição seja, por melhor que suas previsões correspondam ao que observamos, sempre sobra a chance de que uma próxima história faça um trabalho ainda melhor. E, nesse caso, nossas histórias – ou teorias – favoritas de hoje podem se tornar apenas aproximações.

Em princípio, até velhas teorias descartadas poderiam voltar, se adicionarmos hipóteses que as tornem compatíveis com os dados. Mesmo quando há apenas uma teoria que descreve bem a natureza, não sabemos realmente se ela não será trocada no futuro. Na melhor das hipóteses, podemos afirmar que nossa melhor teoria faz um ótimo trabalho e nos fornece excelentes previsões nas quais confiamos. Essa teoria pode estar certa ou ser uma boa aproximação, não há como ter certeza.

O problema se torna mais difícil quando temos várias possíveis explicações que competem entre si. Em alguns casos, podemos ter efeitos que se somem e várias dessas explicações podem ser necessárias, cada uma parcialmente responsável pelo que realmente acontece. Em outras situações, podemos ter ideias incompatíveis entre si. Nesse caso, elas não podem todas ser verdadeiras e precisamos procurar qual funciona melhor. Mas os dados, as previsões ou ambos podem ser tão incertos que não teríamos como realmente saber o que o mundo nos diz sobre o problema. Assim sendo, apesar de todo nosso esforço, o correto é permanecer em dúvida. Essa não é uma dúvida sobre se, no futuro, conseguiremos criar uma explicação nova, que substitua as que temos hoje. É uma dúvida fundamental, que reconhece que há casos hoje em que sobrevivem várias possibilidades. E que, quando isso acontece, não é possível descartar todas as ideias, a exceção de uma.

Em resumo, apesar de sentirmos que temos certeza de algo, essa certeza, em geral, não é justificada. Exceto em problemas que sejam tão simples que não são realmente um problema. Às vezes, a dúvida pode ser realmente pequena. Sabemos que a teoria da relatividade geral, proposta por Einstein, descreve o comportamento de corpos celestes muito melhor do que a versão padrão, não alterada, da mecânica newtoniana. Dúvidas probabilísticas, nesse caso, são tão insignificantes que seria mais fácil encontrar um grão específico de areia no deserto do Saara. Um matemático diria que isso não é zero e, tecnicamente, estará correto. Qualquer outro cientista dirá que sim, isso é tão zero quanto podemos conseguir na vida. De um ponto de vista prático, a diferença é realmente não existente.

Ainda assim, mesmo nesse caso, não sabemos se a teoria melhor, a relatividade geral, não virá a ser substituída por uma ideia mais completa e correta. Há até motivos para pensar que, de fato, isso pode acontecer e que a teoria de Einstein talvez não seja mais do que uma incrivelmente boa aproximação.

Em outras áreas, onde medições são mais difíceis, menos confiáveis, e as teorias são menos sólidas ou com previsões menos precisas, a incerteza é necessariamente maior. O que não quer dizer que as incertezas sejam sempre grandes. Nem que não sejamos capazes de tomar decisões bastante sólidas com o que sabemos hoje. Ainda assim, reconhecer que temos dúvidas é de crucial importância. Afinal, não queremos que nossos cérebros comecem a nos enganar tentando defender uma ideia favorita. Qualquer que seja nossa ideia favorita a respeito de como o mundo é, ela pode até estar certa. Mas acreditar nela é errado.

Regras para um raciocínio melhor (atualizadas!):

1. Se a pergunta que você quer responder é sobre um problema que você não encontra no dia a dia, não confie no raciocínio natural de ninguém.
2. Se alguém mostra bastante confiança em sua capacidade, essa confiança é frequentemente não justificada.
3. Se você sequer é um especialista em um problema, confiar em sua opinião é errado.
4. Há vários motivos para errarmos.
5. Erramos também porque pertencer a grupos sociais foi muito mais importante para nossos ancestrais do que estar correto.
6. Observar uma maioria que concorda com você não é evidência de que você estaria certo.
7. Pensamos e raciocinamos para permitir que aceitemos o que o nosso grupo exige ou para convencer os outros membros. Pertencimento importa mais aos nossos cérebros do que a verdade.
8. Métodos matemáticos e lógicos exigem ideias consideradas verdadeiras para começar.
9. Dado um conjunto de descrições matemáticas, podemos calcular possíveis consequências, verificando o que deveria acontecer se aquelas descrições forem verdadeiras. A Matemática é, nesse caso, uma ferramenta de contar histórias com menos furos.
10. Ao fazer ciência, temos sempre de lidar com incertezas. Essas podem ser muito reduzidas em algum caso, mas sempre sobrevivem. Acreditar em descrições do mundo é cometer um erro.

Faça a pergunta certa ∎

Há uma lição fundamental que aprendemos, em geral, ao estudar probabilidade. Em cursos de Probabilidade e Estatística, o tópico se chama "Probabilidade condicional". Fazer as contas e aplicar em problemas práticos envolve, obviamente, aprender um pouco sobre probabilidade. Mas, em termos de conceito, uma das coisas fundamentais que a ideia de probabilidade condicional nos ensina pode ser aprendida sem fazermos contas. Basicamente, precisamos aprender a fazer as perguntas certas. E nós, muitas vezes, procuramos respostas para perguntas que, ainda que relevantes, não são o que realmente queremos saber. Por vezes porque temos informações que são mais fáceis de obter, encerramos nossa busca com elas sem perceber que a resposta real pode ser bem diferente do que uma parte incompleta da informação relevante sugere.

Suponha que você se preocupa se pegou uma doença grave. E, para determinar isso, sua médica pede que você faça um exame. O exame tem uma chance de errar, mas essa é, em princípio, pequena. Ele fornece um resultado positivo (tem a doença, sim) para 97% dos pacientes doentes e um resultado negativo (não tem a doença) para 98% dos pacientes saudáveis. Se você acabou de receber o resultado do teste e ele deu positivo, sugerindo que você pode estar doente, quais as suas chances reais de ter a doença? Dois por cento? Três? A grande maioria das pessoas responde que deve ser algo próximo a esses valores. O teste acerta a maior parte das vezes, portanto, deve ter acertado para você também. Parece razoável. Mas, nesse problema, a pergunta que queremos responder não tem uma resposta direta, dada pelas chances do teste.

Basicamente, as chances de o teste acertar, da forma como eu escrevi, nos dizem quais as chances de ele dar certo em relação a alguém que já sabemos estar doente (ou estar saudável). Mas a pergunta certa, que nos interessa, é outra. Queremos, na verdade, saber qual a probabilidade de estar doente quando o resultado deu positivo. As duas perguntas (chance de ter um resultado positivo se alguém está doente ou chance de estar doente se o resultado deu positivo) estão ligadas, é claro. Mas não são a mesma questão. E, por vezes, podem ter respostas bastante diferentes.

É óbvio que, quanto melhor o teste, maiores são as chances de se estar doente. Mas suponha que essa seja uma doença transmissível e que você tenha se mantido perfeitamente isolado desde antes do começo dessa doença. E o seu isolamento foi perfeito, você estava na estação espacial, sem contato com a Terra. Se você fizer o teste e der positivo, você pode até considerar se houve alguma chance de você ter contraído a doença. Mas é quase certo que seja um erro do teste. Da mesma forma, se você já sabe que tem a doença e não tem dúvidas e o teste confirmar esse fato, o resultado positivo no teste não pode diminuir suas chances. Se as chances de estar doente antes do teste eram de 99,9%, elas não vão cair após o teste para algo entre 97% e 98%. Ao contrário, o teste confirmou o que você já sabia e, portanto, a chance de estar doente deve ficar ainda maior.

Ou seja, conhecer as chances iniciais é fundamental nesse caso. Há uma forma certa de se fazer a conta, claro, mas vou apresentar apenas o resultado. Se for uma doença rara e a chance inicial de você estar doente for pequena, por exemplo, de 1 em 1.000, com os dados acima, a chance final sobe para pouco mais de 46 em 1.000. É um aumento bastante grande, 46 vezes mais chance. Mas, tendo começado muito pequena, a chance final é de menos de 5%. Por outro lado, se a sua chance de estar doente começasse em 50%, de fato, sua chance final seria apenas um pouco menor do que 98%. Começando com chances iguais, terminamos, de fato, perto do que nosso raciocínio natural nos disse. Mas isso só funciona, de forma aproximada, quando não há nenhuma informação adicional. Ao usar apenas as informações sobre o teste, você basicamente está supondo que não tem informações adicionais e que tudo é igualmente provável. Mas frequentemente sabemos mais sobre o problema. Ignorar essa informação de base é, também, um viés bem conhecido de nossa cognição. E, para lidar com ele, é preciso aprender a reconhecer qual é a pergunta que realmente queremos responder.

* * *

Suponha que você gostaria de ficar rico. E você se pergunta qual seria a melhor estratégia para atingir esse objetivo. Você entendeu que palpites não são uma boa ideia, que seus amigos podem ter ideias bem-intencionadas, mas não são especialistas. E, portanto, podem até ter certeza do que estão dizendo, mas essa certeza é resultado de excesso de confiança. Mais do que isso, eles, ao menos em sua grande maioria, não são ricos. Você poderia procurar a opinião de especialistas. Mas nós ainda não discutimos se é possível fazer isso de forma confiável. E você rapidamente nota um detalhe bastante importante. Há pessoas que ficaram ricas, sim, e algumas delas falam sobre estratégias de como ficar rico. Mas os seus leitores ou seguidores continuam sem enriquecer. Ou seja, você não quer fazer o que essa pessoa diz que você deve fazer. Melhor seria aprender o que ela faz e não o que ela diz e ver se você teria condições de fazer o mesmo.

Ainda assim, um único caso é muito pouco. Sorte existe, essa pessoa talvez venha de família rica, há inúmeros motivos pelos quais ela pode ter tido sucesso. Então, você decide, vai estudar quais as estratégias utilizadas por muitas pessoas. Como você fazer isso?

Num caso assim, nós frequentemente vemos pessoas fazendo a pergunta errada e esperando respostas boas a partir daí. Da mesma forma que no exemplo anterior, da doença e do teste, é mais fácil obter informações sobre uma pergunta relacionada, mas que não é a resposta ao que queremos saber. Faz sentido investigar como as pessoas ricas fizeram suas fortunas, é claro. E, seguindo esse raciocínio, nada melhor do que checar o que fizeram os mais ricos. Portanto, como se tais entrevistas respondessem a essa pergunta, nós frequentemente vemos bilionários e pessoas de mais sucesso de cada área serem perguntados como conseguiram o sucesso que têm hoje.

Há inúmeros problemas com o uso dessa informação. Desde o fato de que as pessoas podem não querer revelar seus segredos ou dar muito mais ênfase a suas qualidades individuais do que a realidade, até o fato de que as pessoas podem menosprezar o fato de que vieram de famílias ricas. E podem, também, simplesmente não ter a menor ideia de porque tiveram sorte, substituindo a resposta certa por algum palpite. Que certamente as fará parecer bastante competentes. Cada um desses problemas é muito relevante. Eles estão relacionados ao fato de que fazer pesquisas que dependem de que as pessoas avaliem o que fizeram no passado é algo bastante difícil e sujeito a inúmeras distorções, da memória e do próprio contar. Mas há outro aspecto bastante fundamental neste capítulo. Mesmo supondo que essas pessoas soubessem exatamente por que ficaram ricas e mesmo que fossem completamente honestas em suas respostas, o resultado final ainda seria bem menos útil do que pensamos. E isso acontece porque, como no caso da doença, estamos usando informações que respondem a pergunta errada.

Mesmo no caso ideal acima, se você quer uma estratégia para ser rico, você quer uma estratégia para você. O que funcionou para as pessoas de maior sucesso poderia funcionar para você, claro. Mas isso vai depender não só de saber se as suas condições iniciais são as mesmas. Ao focar apenas nos casos de maior sucesso, você pode também estar introduzindo sérios vieses na sua amostra.

Para simplificar e entender o problema, vamos supor que existam apenas duas estratégias, 1 e 2, que você pode usar para tentar ficar rico e que todas as demais questões sobre suas condições iniciais, extremamente relevantes no mundo real, não se apliquem. O mundo é um lugar mais simples que a realidade e essas estratégias existem e estão ao seu alcance. Basta decidir qual aplicar e usá-la. E, ao entrevistar apenas os mais ricos do mundo, você descobre que todos eles usaram a estratégia 1. Seria essa claramente a sua melhor escolha? Talvez. Mas nós respondemos a pergunta errada. O que você realmente quer saber é o seguinte: quais são as suas chances de ficar rico ou não usando a estratégia 1? E, obviamente, a mesma pergunta precisa ser respondida para a estratégia 2.

Ao observar que nenhum bilionário empregou a estratégia 2, você pode se sentir justificado em concluir que ela é um plano pior. Não há informações sobre ela, mas, claramente, ninguém que a utilizou conseguiu bilhões. Nessas circunstâncias, no entanto, é perfeitamente possível que existam sim duas estratégias em que, apesar de a número 1 ser uma pior escolha em termos gerais, apenas ela leva a bilionários.

Suponha que a estratégia 2 é uma estratégia bastante sólida que fornece uma chance boa de a pessoa ficar rica. Sendo um exemplo fantasioso, vamos supor que essa chance seja de 50% de que quem a emprega ficará milionário. Mas ela é também uma estratégia de menor risco. As pessoas que a empregaram ganharam muito dinheiro, sim, mas ninguém chegou a ganhar bilhões. Ao contrário, a estratégia 1 é extremamente arriscada. Noventa e cinco por cento das pessoas que a empregaram terminaram na pobreza, com dívidas e sem nada. Mais de 4% conseguiram se manter e fazer algum dinheiro, não mais do que na estratégia 2. E menos de 1% dessas pessoas realmente ganharam muito. Algumas conseguiram centenas de milhões, outras, bilhões.

Como consequência, ao fazer a pergunta errada, você olha apenas para os bilionários e vê apenas a estratégia 1 sendo utilizada. Mas essa é uma estratégia que, quase certamente, vai levar você a falência. A chance de ficar rico é de 5%, ao contrário dos 50% da estratégia 2. Para tomar uma decisão sólida, você deve saber as chances que tem de obter cada resultado, se os empregar. A ordem da pergunta importa. Você precisa descobrir as chances a partir de suas condições atuais para tomar uma boa decisão. E você não é um bilionário. Perguntar proporções para bilionários pode ajudar, mas pode levar você a informações bem enganosas, se não tiver o cuidado devido. Nesse exemplo, a única vantagem da estratégia 1 acontece para menos de 1% daqueles que a tentam. A menos que ser rico não seja o suficiente para você e você tenha de ser bilionário ou quebrar tentando, você realmente deveria, nesse cenário bem fictício, ficar com a estratégia número 2.

* * *

Saber qual a pergunta relevante importa. E muito. No caso da doença, você quer saber as chances de estar doente. O quão confiável os testes são é, sim, informação relevante, se você tem o resultado de um teste. Mas está longe de ser tudo o que você precisa. Mesmo com um teste confiável positivo, suas chances de estar doente podem ser qualquer coisa, desde bem pequenas até a quase certeza, dependendo de quais outras informações você tiver.

Da mesma forma, no exemplo das estratégias, vimos que as perguntas padrão feitas para pessoas de sucesso sobre suas estratégias podem não dizer nada sobre o que fazer para se ter sucesso. A informação relevante não é a proporção do que fizeram as pessoas de sucesso. O correto é descobrir quanto sucesso obtiveram as pessoas nas mesmas condições que nós de acordo com suas decisões. A diferença é sútil. Mas saber o que perguntar e que informação realmente procurar é uma habilidade fundamental.

Regras para um raciocínio melhor (atualizadas!):

1. Se a pergunta que você quer responder é sobre um problema que você não encontra no dia a dia, não confie no raciocínio natural de ninguém.
2. Se alguém mostra bastante confiança em sua capacidade, essa confiança é frequentemente não justificada.
3. Se você sequer é um especialista em um problema, confiar em sua opinião é errado.
4. Há vários motivos para errarmos.
5. Erramos também porque pertencer a grupos sociais foi muito mais importante para nossos ancestrais do que estar correto.
6. Observar uma maioria que concorda com você não é evidência de que você estaria certo.
7. Pensamos e raciocinamos para permitir que aceitemos o que o nosso grupo exige ou para convencer os outros membros. Pertencimento importa mais aos nossos cérebros do que a verdade.
8. Métodos matemáticos e lógicos exigem ideias consideradas verdadeiras para começar.
9. Dado um conjunto de descrições matemáticas, podemos calcular possíveis consequências, verificando o que deveria acontecer se aquelas descrições forem verdadeiras. A Matemática é, nesse caso, uma ferramenta de contar histórias com menos furos.
10. Ao fazer ciência, temos sempre de lidar com incertezas. Essas podem ser muito reduzidas em algum caso, mas sempre sobrevivem. Acreditar em descrições do mundo é cometer um erro.
11. Saber qual pergunta você realmente quer responder é fundamental para saber de quais informações você precisa.

Caça
aos erros ∎

Podemos agora entender como nossas ferramentas funcionam para nos ajudar a conhecer o mundo mais corretamente. Ou, ao menos, para obter boas histórias em que as coisas acontecem como acontecem no mundo real. E, ao mesmo tempo, descobrir por que podemos confiar no conhecimento científico muito mais do que confiamos em opiniões obtidas por qualquer outra forma. Não é porque exista algo mágico em ciência. Como logo veremos, opiniões científicas tendem a ser muito superiores por uma combinação de dois fatores principais. Um deles é a aplicação de todos os métodos que viemos discutindo até aqui. O outro é algo mais raramente apresentado como fundamental para a confiabilidade da ciência, mas que é, no mínimo, tão fundamental quanto: a forma como a comunidade científica lida com erros e discordâncias, com pessoas que surgem com novas ideias. É o fato de que, ainda que possam não ser imediatas, boas ideias são bem-vindas e recompensadas e há pouca defesa institucional de teorias tradicionais. Há defesas individuais, claro. Mas a discordância, quando feita com competência, é aceita.

É claro que esse aceitar de novas ideias, em geral, não é verdade quando pensamos em pessoas e curtos prazos de tempo. Como qualquer ser humano, os cientistas também defendem ferozmente suas ideias favoritas e o fazem até mesmo quando a evidência não está ao seu lado. Somos seres humanos, afinal. Tanto que há uma frase famosa atribuída a Max Planck,[6] um dos pais da Mecânica Quântica, que diz que a ciência avançaria de funeral em funeral. Ou seja, conforme os cientistas mais velhos morrem, eles param de defender ideias antigas e, assim, permitem que as novas ideias prosperem.

Apesar dos problemas de convencer cientistas que já fizeram suas escolhas, há uma expectativa nessa ideia de que as gerações mais novas, de fato, adotem novas ideias. Quando uma área é organizada corretamente, não há espaço para a tradição e para simplesmente repetir o que se pensava antes. Ao contrário, esperamos, sim, dos cientistas mais novos, que busquem novos caminhos, que proponham novos métodos, experimentos e teorias. Em resumo, que eles desafiem tudo que conhecemos. No longo prazo, aliás, apenas os inovadores têm alguma chance de conseguir um lugar de destaque. Um cientista que não cria algo novo não é inútil de forma alguma. Explorar lentamente antigas teorias, ajudando a torná-las mais sólidas ou a encontrar buracos que precisam ser resolvidos são atividades fundamentais. Da mesma forma, tapar esses buracos, buscando explicações compatíveis com a principal teoria da sua época é uma atividade crucial, absolutamente necessária para a exploração de quais as ideias e histórias que realmente descrevem bem a realidade. E a maioria dos cientistas faz trabalhos assim, relevantes mas não revolucionários, conseguindo carreiras bastante sólidas em suas áreas. Mas o grande reconhecimento é restrito a quem apresenta ideias novas. E, se você alterar completamente o que se pensa em sua área, esse reconhecimento pode durar por muitas gerações.

Alterar o que uma área inteira pensa, obviamente, é algo que é lembrado não importa qual seja a atividade que você desenvolve. Mas isso é algo que não se espera em disciplinas cujas regras não escritas ditam que os participantes obedeçam a algum tipo de tradição. Nesse caso, avanços até podem acontecer, mas eles não recebem incentivos da estrutura social da área e, portanto, serão bem mais raros. Em áreas bem estruturadas da ciência, a busca por erros é constante. E é essa busca parte do que torna resultados científicos mais confiáveis. Encontrar um erro, seja um erro real de alguém, como uma conta errada ou um experimento mal planejado ou uma previsão teórica que não é observada em um experimento não é algo malvisto (exceto pela pessoa que errou). Ao contrário.

* * *

Note que, nessa tarefa de caçar os erros cometidos por pessoas ou por teorias, tudo o que discutimos antes é extremamente importante. A existência de métodos lógicos, que permitem que raciocinemos com mais clareza, o uso de ferramentas da matemática, segundo a qual tudo tem de ser definido com exatidão e em que as provas podem ser acompanhadas e checadas por qualquer outra pessoa com o treinamento necessário, identificando assim possíveis falhas, tudo faz parte do pacote. E esse é um pacote de condições que nos permite confiar que somos capazes até mesmo de mandar uma sonda a um planeta a bilhões de quilômetros e a trajetória dessa sonda será a prevista.

Ou seja, para que um sistema aprenda (ou aproxime) como o mundo realmente é da melhor forma possível, a soma de todas essas características é fundamental. Precisamos de métodos que nos digam quais as consequências de nossas ideias. Esses métodos precisam ser verificáveis. Ou seja, as conclusões têm de ser obtidas de forma quase mecânica, independente de nossas vontades. A Matemática faz essa função. Além disso, é fundamental que essas conclusões sejam comparadas com o que observamos no mundo. Às vezes, apenas uma teoria realmente descreve o mundo bem e dizemos que é nossa atual melhor explicação. Em outros casos, o que observamos pode ser explicado de mais de uma forma e não podemos realmente dizer, antes de mais estudos, qual dessas formas funciona melhor. Mas a avaliação de quais teorias funcionam melhor deve também, até onde é possível, ser feita usando métodos separados de nossas vontades. E, quando isso não é possível, resta admitir que sobram, sim, incertezas desconhecidas, pois nosso lado humano pode estar nos levando ao erro. Finalmente, há o trabalho fundamental de procurar erros, seja nas previsões, nas contas, no não concordar entre previsões e observações, em como as observações são feitas e em todos os detalhes necessários nesse trabalho. Esse trabalho precisa ser reconhecido como algo positivo. O sistema precisa ser montado de forma que o argumento da tradição não seja aceitável.

Por outro lado, argumentar que sabemos algo por motivos sólidos (temos teorias e observações que as confirmam) é absolutamente correto. Quando ideias novas propõem que nossas ideias antigas estão erradas, a necessidade de correção não significa que simplesmente sempre trocamos o velho pelo novo. Muito longe disso! Se algo é novo ou não é irrelevante. Novas ideias têm de se mostrar melhores em explicar o que sabemos do que as anteriores. Ou, ao menos, explicar uma parte muito bem. Uma ideia que não se ajuste bem aos conhecimentos sólidos que já temos provavelmente está errada. Pode valer a pena investigar, mas as chances de ela se estabelecer são, sim, bem pequenas.

Isso não é um apego à tradição. Se existe um conjunto grande de teorias compatíveis que funcionam bem, qualquer nova ideia tem de competir com essas. Se esse conjunto é compatível com séculos de observação, é natural que seja difícil para ideias novas se estabelecerem. Simplesmente porque já temos uma longa história de verificações anteriores. Por outro lado, argumentar que uma forma de fazer ou pensar é o padrão, porque sempre foi feito assim, ao contrário, é um erro que prejudica o aprendizado. Há diferenças sutis e importantíssimas entre exigir que a ideia nova seja realmente melhor do que tudo que verificamos por séculos e não a aceitar apenas por conta de tradições. Infelizmente, esse comportamento bastante humano de nos agarrarmos a ideias mais velhas apenas porque gostamos delas é visto em todas as áreas, em maior ou menos escala. E ainda há muito a melhorar. Mas esse é exatamente o trabalho. Identificar o que fazemos errado e consertar.

Regras para um raciocínio melhor (atualizadas!):

1. Não confie no raciocínio natural de ninguém sobre problemas que não são cotidianos.
2. Se você não é um especialista, sua opinião não vale nada.
3. Há vários motivos para errarmos.
4. Pensamos e raciocinamos para aceitar o que o nosso grupo exige ou para convencer os outros membros.
5. Uma maioria que concorda com você não é evidência de que você estaria certo.
6. Métodos matemáticos e lógicos exigem ideias consideradas verdadeiras para começar.
7. A Matemática é uma ferramenta de contar histórias com menos furos.
8. Ao fazer ciência, temos sempre de lidar com incertezas. Acreditar em descrições do mundo é cometer um erro.
9. Saiba qual pergunta você realmente quer responder.
10. Aprender exige sempre procurar onde erramos.

Escolhas e opiniões livres ∎

Há uma questão que expliquei no começo do livro e que merece ser retomada e discutida em um capítulo próprio. Em especial, agora que temos mais elementos para entender e até mesmo avançar um pouco na discussão de suas consequências. Essa questão é o problema da distinção entre ideias sobre como o mundo é, de fato, e sobre o que queremos que aconteça.

Sempre que discutimos a melhor forma de aprender como o mundo é, estávamos discutindo exatamente isso e mais nada. Discutimos métodos de entender como as coisas são. Mas, em especial quando vamos fazer planos, queremos que nossas decisões possam nos levar aos melhores resultados possíveis. Saber como o mundo é faz parte dessa pergunta, uma vez que isso pode limitar o que é possível. Mas esse conhecimento não responde completamente o problema. Porque, para fazer uma escolha, precisamos também saber o que queremos. Ou seja, saber quais são nossas preferências, que tipo de mundo gostaríamos de encontrar no futuro, quais as possíveis consequências de nossas ações. Aqui, usar nossas melhores ferramentas de raciocínio ainda é recomendável, afinal, vai nos ajudar a ter melhores chances de conseguir o que queremos. Mas não há como comparar previsões com o que observamos. O que queremos é apenas isso, o que queremos. Ainda assim, é fundamental saber distinguir quais partes de um problema são sobre nossas preferências e quais partes são, na verdade, descrições de como o mundo realmente é. E, no entanto, estamos tão acostumados a misturar o que é com o que queremos que, para muitos, a separação parece quase impossível.

* * *

Talvez a primeira pergunta a fazer sobre nossas preferências é se elas estão associadas a algum tipo de princípio moral. Escolher princípios morais que vamos seguir pode, portanto, ser uma primeira pergunta. Uma forma tradicional de se escolher princípios morais básicos é seguir algum tipo de ensinamento. Esse ensinamento pode vir de uma religião (quase ao certo, a forma mais comumente usada), de algum tipo de análise filosófica ou apenas sair de sua própria mente. Sendo uma representação de nossas preferências, em princípio, qualquer fonte inicial poderia ser igualmente válida. Pertencer a um grupo, nesse caso, pode fazer parte de nossos objetivos, conscientemente ou não. Sendo assim, podemos aceitar fontes tradicionais de moral, religiosas ou seculares, que sejam consideradas apropriadas pelas pessoas com quem queremos concordar.

Como não conhecemos uma forma de determinar quais princípios morais básicos seriam corretos, não há como dizer que qualquer das possíveis fontes de princípios básicos estaria errada. Textos, sejam religiosos, literários ou científicos, podem conter erros na descrição do mundo. Mas todos eles podem conter princípios morais a serem usados. Você pode se preocupar se um texto muito antigo ainda seria relevante para os dias de hoje ou pode achar que não há problema nisso. Pode querer descobrir se há princípios morais que seriam básicos a todos os seres humanos e existentes em todas as culturas. E, a partir daí, decidir que esses serão a base de sua moral. Ou até mesmo decidir que você preferiria romper com o que os seres humanos pensam e buscar algo com o qual a maioria das pessoas discorde. Você pode criar uma lista de princípios básicos, dar prioridades a eles e tentar um enorme exercício mental para entender como esses princípios poderiam influenciar suas decisões. Você pode até mesmo usar como princípio básico decidir de acordo com o que você sentir a cada momento, não se importando com inconsistências ou consequências. O que você prefere é sua escolha.

Ainda que muitos de nós possam considerar algumas dessas sugestões absurdas (sim, dependendo dos princípios morais de uma pessoa, eu a julgaria minha inimiga), o fato é que não conhecemos formas de dizer que algumas seriam corretas e outras erradas. Não sem assumir outras ideias como verdades inicialmente. Estamos aqui no mesmo problema de criar matemáticas e histórias. Uma vez que tenhamos escolhido os preceitos iniciais, podemos perguntar aonde eles nos levam. Mas não há regras claras sobre quais devem ser esses preceitos. Pode haver, e há, sentimentos fortes sobre eles. Mas eu não saberia como convencer alguém que achasse que assassinatos seriam aceitáveis de que essa pessoa está errada. Eu teria fortes sentimentos contra essa ideia e a pessoa que a defendesse. Mas não saberia argumentar sobre por que não devemos pensar assim como base fundamental, mesmo estando convencido de que não devemos. Eu posso apresentar argumentos sobre o que aconteceria no mundo se permitíssemos assassinatos, claro. Mas esses argumentos são sobre o mundo e a realidade, não sobre a preferência em si. Nas preferências, não sabemos como medir o que seria certo. Você pode estar errado para mim e eu estarei errado para você.

Quando criamos sociedades, na melhor das hipóteses, em discussões menos fundamentais, poderíamos procurar uma resposta média. Mas não há motivos lógicos para achar que a moral humana média seja, de fato, uma escolha ótima. Estranhamente, isso também não quer dizer que devemos abandonar nosso sentido de moral. Ao contrário, se sentimos fortemente que algumas ações são abomináveis, isso é parte de nossas preferências e faz sentido tentar construir um mundo onde essas ações não aconteçam. Não haver respostas certas não nos impede de ter nossas próprias respostas.

Mas estamos investigando neste livro sobre o que realmente podemos ter certeza e onde sobram dúvidas. Há muito o que debater em Ética e Filosofia, mas esses são temas para um outro lugar. É um tópico fascinante e vale a pena explorar o que filósofos e pensadores têm a dizer a respeito. Não há consenso entre eles, sugerindo que ainda realmente não temos uma resposta universal, uma base em que poderíamos confiar e seguir em frente. Como estamos interessados aqui em nosso raciocínio, sou obrigado a deixar essa questão como uma dúvida sem resposta, apenas palpites. De um ponto de vista racional, o máximo que podemos exigir das nossas preferências morais é consistência lógica dentro da forma individual de preferir de cada um de nós. Mas mesmo essa é uma exigência que pode ter poucos efeitos. Isso porque nós podemos, sim, ter muitas preferências e algumas serão conflitantes. Como querer emagrecer e permanecer saudável e também comer tantos doces e frituras quanto der vontade. De alguma forma, se quisermos decidir de modo racional, deveríamos decidir quais preferências importam mais. Mas o conflito entre desejos, em si, não é um sinal de irracionalidade.

* * *

Para melhor ilustrar a distinção entre o que é e o que queremos, vamos considerar a questão da criminalização ou não do aborto. O meu objetivo não será chegar a uma resposta (mesmo se uma existir), mas apenas ilustrar a importância fundamental de separarmos o que desejamos daquilo que são características do mundo.

Decidir se você é contra ou a favor da criminalização do aborto é uma escolha pessoal. Como meu objetivo é discutir apenas a relação entre o que preferimos e como raciocinamos, tentarei não manifestar minhas próprias preferências, de forma a manter a discussão apenas sobre a forma, e não o conteúdo. Pois, antes de realmente debater o tema, deveríamos entender bem claramente vários conceitos sobre o que é debater e o que são opiniões.

Cada lado no debate sobre (des)criminalização do aborto pode tentar lhe convencer que a posição dos seus opositores é absurda. De um ponto vista legal, mesmo que um dos lados esteja realmente defendendo uma posição absurda, a liberdade de expressão nos dá o direito de termos até opiniões absurdas. Há limites em nossas ações e, em alguns lugares, limites contra certos tipos de opinião (como defender o nazismo). No caso da criminalização do aborto, as opiniões (ainda que não as ações) são, de fato, livres. Aqui, no entanto, estamos interessados em aprender a raciocinar corretamente. E isso quer dizer que opiniões absurdas são algo a evitar. Absurdo, aqui, no entanto, não significa simplesmente em desacordo com os valores morais de outras pessoas. Absurdo e errado são termos que têm um significado mais claro aqui. Significam erros de raciocínio, incoerências, incompatibilidades. O que é bem mais forte do que uma simples discordância. Ou seja, ainda há erro aqui, por exemplo, quando nossas preferências podem ser descritas como logicamente contraditórias. Não vamos encontrar na lógica pura critérios para determinar o certo. Mas erros continuam a ser erros. Se as suas escolhas são incompatíveis entre si, você tem um problema a resolver. Por outro lado, você pode, sim, ter preferências que estejam em conflito. Isso não é um erro, mas você vai precisar resolver esse conflito.

Qualquer que seja a decisão a ser tomada, faz sentido perguntar por que cada pessoa prefere um determinado lado. Para o aborto, dependendo de sua posição, cada um apontará aspectos diferentes como sendo a questão mais essencial. Esses aspectos são, em geral, o direito das mulheres de tomar decisões sobre seus próprios corpos ou o direito do feto ou bebê à vida. A própria escolha de termos, feto ou bebê, tende a ser diferente de acordo com a posição final da pessoa. Para algumas pessoas, aparentemente, apenas um desses direitos importa. Ou, ao menos, um deles importa muito mais do que o outro. Nesse caso, a decisão estaria tomada sem a necessidade de outras considerações. Havendo um direito fundamental que importa mais que os demais, teríamos uma preferência clara. Mas, ainda que algumas pessoas tentem dizer que esse é o caso, para muitas pessoas, problemas complexos estão associados a várias preferências distintas, incluindo desejos conflitantes. Afirmar que apenas um aspecto de qualquer problema importa costuma ser apenas uma estratégia de convencimento, e não o que as pessoas realmente pensam. Exceções podem existir, mas são raras.

No caso do aborto, ambos os direitos de mulheres e dos bebês/fetos são, provavelmente, considerados relevantes por muitas pessoas. Mesmo que consideremos um desses direitos muito mais importante, isso não significa que não exista um conflito e um problema. Havendo tal preferência, a conclusão do que deveria ser feito talvez seguisse naturalmente. Mas nem isso é necessariamente verdade. Suponha que uma pessoa é contra a realização de abortos. Ao decidir qual lei ela prefere, cabe ainda perguntar o que essa pessoa realmente quer. Ela quer diminuir o número de casos ou ela quer punir os praticantes? Se a preferência for pela punição, sem dúvida, a criminalização é o caminho. Mas se for o número de casos o que realmente importar, saímos da questão de apenas o que preferimos e entramos também no campo de como o mundo realmente funciona. Isso envolve mais complicações, obviamente. Apenas na discussão sobre quais direitos são mais fundamentais que podemos realmente falar em direito de escolha. O que realmente funcionará melhor no mundo não é algo que podemos escolher. Nesse caso, temos de perguntar se a proibição realmente levará a um número menor de abortos e se há outras consequências, boas ou ruins, da lei.

Já a discussão pura sobre qual dos dois direitos pesa mais é, basicamente, uma discussão sobre como queremos que o mundo seja, quais leis desejamos ter em nossa sociedade. Podemos tentar decidir um caso específico baseado em princípios ainda mais fundamentais do que aqueles que estão sendo discutidos, caso existam tais princípios fundamentais. Mas a escolha desses princípios fundamentais é também uma escolha sobre a qual podemos ter preferências distintas. O certo e errado da lógica não inclui avaliações morais da mesma forma que não nos diz como é o mundo.

* * *

O problema das leis sobre o aborto é obviamente mais complicado do que podemos discutir aqui. O ponto principal é que, quando falamos sobre como o mundo é, não deveria importar o quanto você prefere uma opção. Em situações assim, você deve se lembrar que seu próprio cérebro pode estar trabalhando para induzi-lo a um erro. E há inúmeras perguntas relevantes. Como, por exemplo, quais diferenças seriam observadas se o aborto for permitido ou proibido? Será que o número de casos de mulheres abortando realmente aumentaria? Se o aborto for permitido, teríamos muitas mulheres usando aborto simplesmente como mais um método anticoncepcional? Se queremos diminuir o número de abortos, será que a proibição é, de fato, a política mais eficiente? Se você é contra o aborto, você pode só querer punir quem o pratica. Ou pode não se preocupar com punições e preferir a diminuição do número de casos. Ou uma mistura dos dois efeitos. Ou seja, mesmo tendo uma preferência clara, a decisão final nem sempre é óbvia e pode, sim, depender de como é o mundo. Essa dependência acontece até mesmo sob circunstâncias em que todas as preferências são muito bem conhecidas.

Nosso objetivo deveria ser, o tanto quanto possível, descobrir como estamos errados. Sim, podemos fazer escolhas e ter preferências. Mesmo quando temos o direito de escolher qual o mundo preferimos viver, a verdade é que, em geral, qual será o melhor caminho depende tanto do que queremos quanto do que é possível conseguir. E separar as duas coisas pode se tornar um exercício muito difícil, ainda que necessário.

Regras para um raciocínio melhor (atualizadas!):

1. Não confie no raciocínio natural de ninguém sobre problemas que não são cotidianos.
2. Se você não é um especialista, sua opinião não vale nada.
3. Há vários motivos para errarmos.
4. Pensamos e raciocinamos para aceitar o que o nosso grupo exige ou para convencer os outros membros.
5. Uma maioria que concorda com você não é evidência de que você estaria certo.
6. Métodos matemáticos e lógicos exigem ideias consideradas verdadeiras para começar.
7. A Matemática é uma ferramenta de contar histórias com menos furos.
8. Ao fazer ciência, temos sempre de lidar com incertezas. Acreditar em descrições do mundo é cometer um erro.
9. Saiba qual pergunta você realmente quer responder.
10. Aprender exige sempre procurar onde erramos.
11. Há escolhas relacionadas a conceitos morais que são realmente nossos direitos. Não conhecemos formas de encontrar o certo nesse caso. Podemos, claro, basear essas escolhas em princípios morais básicos, de onde quer que eles venham.

Conhece-te a ti mesmo ∎

Há uma alternativa para tratar a questão sobre o que preferimos da mesma forma que tratamos o aprendizado sobre o resto do mundo. Não é obrigatória, mas pode ajudar a organizar nossos pensamentos. Afinal, nós frequentemente não temos certeza sobre o que realmente preferimos. E, nesse caso, investigar o que sentimos com as ferramentas que usamos para aprender sobre o mundo exterior faz sentido. Podemos observar a nós mesmos e tentar descobrir quais são as nossas reais preferências.

As evidências, nesse caso, são nossos pensamentos e nossos sentimentos, ou seja, são todas internas. Mas, descrito dessa forma, esse não deixa de ser um problema de descobrir como as coisas realmente são. Ainda que as coisas se refiram ao nosso emocional, os comentários feitos até aqui sobre não se apegar a uma resposta, procurar entender o que os dados realmente dizem e buscar ideias que sejam capazes de explicar esses dados se aplicam a esse problema tão bem quanto se aplicaram aos nossos esforços de compreender o mundo exterior a nós.

* * *

Quando filósofos criam problemas éticos de decisão, eles estão, também, propondo experimentos que permitem que investiguemos nossas próprias preferências. Um exemplo de problema ético bem conhecido em filosofia é o problema do bonde. Você está no topo de uma ponte e vê um bonde passar. E você vê que o bonde atropelará cinco crianças e não há como você avisá-las. Mas você pode desviar o trajeto do bonde para outros trilhos onde há apenas uma criança brincando. Você salvaria as cinco, mas aquela uma criança morreria por sua causa. A pergunta é o que você faria nesse caso. Há variações propostas por vários filósofos. Por exemplo, é possível que as crianças tenham sido avisadas claramente sobre qual trilho era seguro e tenham escolhido brincar no trilho perigoso. Será que isso faria alguma diferença? Ou não? Ou, em outro cenário, pode haver a possibilidade de parar o bonde não mudando o trilho, mas jogando uma pessoa que está com você sobre a ponte diante do trajeto do trem, fazendo o motorista acionar os freios a tempo. E há também variações sobre as características de quem você mata, por idade, cor da pele; e assim por diante.

O objetivo nesse tipo de problema é identificar o que cada um de nós considera certo ou errado. Ou seja, não há respostas universais e é perfeitamente possível discordar sem que ninguém esteja realmente errado. Você pode estar errado dentro de um certo conjunto de regras morais, é claro. Se você assumir princípios básicos, algumas respostas podem se tornar necessárias. Por exemplo, se você assume que o certo é sempre salvar o maior número de vidas e isso é mais importante do que qualquer outra consideração, você deve, sim, mudar a trajetória do bonde. Por outro lado, se você pensa que, como indivíduo, é imperativo que você não seja responsável pela morte de ninguém, desviar o bonde o tornaria responsável pela morte daquela uma criança sozinha. E, sendo isso inaceitável, você não deve desviar o bonde.

Note que ambos os princípios soam como bons princípios morais. Mas, nessa situação, eles estão em conflito. E há a necessidade de se perguntar qual seria mais importante. Ou encontrar um terceiro princípio que resolva o problema. Ou a soma de vários outros que nos dê uma resposta válida. Qualquer que seja o método, se queremos conhecer melhor nós mesmos, temos de ser capazes de responder até mesmo a perguntas difíceis como essas.

Fazendo uma analogia com a prática científica, nós podemos nos conhecer diferentes pontos de profundidade teórica. Por exemplo, podemos não ter a menor ideia de como responder a essas questões, ter apenas palpites e sentimentos, e sentir uma dificuldade grande em saber o que seria mais correto. Nesse caso, estamos em um estágio inicial, em que apenas palpites e opiniões existem. E nenhum desses palpites é bem embasado em fatos. É também possível que tenhamos respostas para várias dessas perguntas, tudo devidamente catalogado e analisado, com algumas linhas gerais, mas vários pontos de conflito não resolvidos. Nesse caso, coletamos dados e temos receitas gerais, que podem nos ajudar a diagnosticar muitos dos problemas que encontrarmos. Mas ainda vamos nos deparar com questões em aberto e muita incerteza.

E pode haver também teorias básicas que respondam a todas as perguntas a partir de alguns princípios básicos. Respeito à vida, sobrevivência da espécie humana e ou seu legado, nossa própria sobrevivência, nossa satisfação pessoal – há várias possibilidades para um princípio mais básico. E algumas delas estão em claro conflito com outras, sendo que, para muitos, algumas opções podem parecer simplesmente maléficas. Elas funcionariam como teorias básicas, tentativas de explicar o que sentimos, que podem estar certas ou erradas, usando princípios fundamentais. Princípios esses que podem ser seguidos por outros menos importantes. Tendo escolhido nossos princípios básicos, poderíamos tentar demonstrar o que seria melhor nos demais casos. Trabalho teórico de prever o que cada ideia ou princípio teria por consequência.

Qualquer que seja o caso, se quisermos realmente saber como sentimos e o que preferimos, esses experimentos mentais para identificar qual opção escolheríamos podem servir como dados a partir dos quais verificaríamos quais princípios básicos são mais importantes para nós. Da mesma forma que os dados nos dizem, idealmente, quais teorias são provavelmente melhores descrições do mundo.

É óbvio que a situação completa é mais complicada. O que nós escolhemos em problemas teóricos não necessariamente representa a escolha que faríamos na situação real. Na nossa imaginação, pensamos o que seria a resposta certa. Entender a si mesmo inclui saber qual resposta preferimos e também qual a ação que realmente tomaríamos na vida real. Podemos apenas aproximar o ideal de um conhecimento perfeito com aproximações. Isso introduz novas incertezas e, da mesma forma que no nosso conhecimento sobre o mundo, ter dúvidas sobre o que realmente queremos pode ser um estado final perfeitamente válido.

Ainda assim, como nossas preferências são direitos nossos, você não é, logicamente, obrigado a seguir as recomendações deste capítulo para tomar suas próprias decisões. Nem é claro que seja possível levar essas recomendações muito longe, exceto como um exercício mental. Mas vale reforçar que, se você quiser aprender sobre si mesmo, da mesma forma como queremos aprender sobre o mundo real, se aprisionar a um conjunto de regras e não duvidar delas não é uma boa estratégia. Se o seu objetivo, por outro lado, for exatamente defender um certo conjunto de regras morais, você já respondeu à questão que exploramos neste capítulo e pode decidir que não precisa de mais ajuda. Basta seguir as consequências de suas regras.

Regras para um raciocínio melhor (atualizadas!):

1. Não confie no raciocínio natural de ninguém sobre problemas que não são cotidianos.
2. Se você não é um especialista, sua opinião não vale nada.
3. Há vários motivos para errarmos.
4. Pensamos e raciocinamos para aceitar o que o nosso grupo exige ou para convencer os outros membros.
5. Uma maioria que concorda com você não é evidência de que você estaria certo.
6. Métodos matemáticos e lógicos exigem ideias consideradas verdadeiras para começar.
7. A Matemática é uma ferramenta de contar histórias com menos furos.
8. Ao fazer ciência, temos sempre de lidar com incertezas. Acreditar em descrições do mundo é cometer um erro.
9. Saiba qual pergunta você realmente quer responder.
10. Aprender exige sempre procurar onde erramos.
11. Há escolhas relacionadas a conceitos morais que são realmente nossos direitos. Não conhecemos formas de encontrar o certo nesse caso. Podemos, claro, basear essas escolhas em princípios morais básicos, de onde quer que eles venham.
12. Nossas preferências podem ser exploradas por nós mesmos da mesma forma que aprendemos sobre o mundo real.

Decidindo ■

Temos agora as ideias básicas e necessárias para analisar problemas de tomada de decisão. Precisamos, é claro, saber quais são nossas possíveis escolhas, que opções temos. E é necessário ter algum tipo de estimativa sobre o que pode vir a acontecer para cada uma dessas possíveis escolhas. Vamos considerar alguns resultados como mais desejáveis, outros, como menos. Essa é a parte que temos liberdade de escolher, o quanto desejamos ou não cada possibilidade.

Mas, para realmente decidir, precisamos também ter alguma estimativa de quão provável cada resultado é. Considere o problema de apostar na loteria. Em princípio, a possibilidade de ficar milionário só existe se você jogar. Se decidir economizar seu dinheiro, é óbvio que não vai ganhar. E, no entanto, não jogar faz todo sentido, mesmo que isso elimine nossas chances de ficar milionário. E isso acontece porque as chances de ganhar são tão pequenas que é praticamente certo que você também não ficará milionário se jogar e apenas terá perdido o dinheiro da aposta.

Esses são os elementos básicos daquilo que conhecemos como teoria da utilidade esperada. Essa teoria é uma receita de como deveríamos tomar decisões quando existe incerteza sobre o que acontecerá. No entanto, ela não é perfeita mesmo usada como instruções de racionalidade. Ela pode e é criticada. Em especial, por não ser completa e ter problemas sobre como lidar com o passar do tempo. Ou seja, ela é útil de se aprender, mas não é logicamente obrigatório usá-la. Além disso, a teoria da utilidade esperada supõe que sejamos capazes de ter previsões sobre quais as chances de cada possível cenário futuro acontecer. E, no caso geral, podemos até ter palpites sobre chances, mas as probabilidades são desconhecidas e nossos palpites possuem erros que nem sequer sabemos estimar.

Ainda assim, entender os elementos centrais para uma decisão pode ajudar a organizar nossos pensamentos. E, em especial, lembrar quais partes decidimos e o que não é nossa escolha. Vale lembrar que há dois aspectos no problema que são nossa escolha individual. A saber, nós decidimos quais possíveis resultados gostamos mais. E, dadas as ações possíveis para nós, escolhemos qual caminho vamos seguir. Mas para qualquer escolha, precisamos saber o que pode acontecer, incluindo o que é provável e o que é improvável. E, nesse caso, não dá para contar apenas com nossos palpites. Especialmente em assuntos de nossa preferência (ou de nosso gurpo) e em que nossos cérebros poderiam tentar nos enganar. Nesses casos, contar com especialistas, com o melhor conhecimento científico e simplesmente ignorar nossas avaliações (a menos que sejamos os especialistas nós mesmos) pode ser o melhor caminho a seguir. Tendo as melhores previsões sobre possíveis consequências de cada ação, podemos tomar decisões bem informadas. Ou, ao menos, menos mal-informadas. Decisões que dependem de todos esses fatores: o que preferimos, quais ações podemos tomar e como nossas ações afetam as chances de cada possível cenário acontecer.

* * *

Há algumas lições importantes para aprender (ou lembrar) a partir dessa descrição de como podemos tomar decisões de uma forma mais correta. Primeiro, notemos que há opiniões que são sim nosso direito e que não há nada no mundo que nos obrigue a ter uma ou outra opinião quando isso acontece. Ou, ao menos, nada que já tenhamos descoberto. É possível discordar profundamente em nossas preferências nesses casos e, a menos que tenhamos uma base moral comum, essa discordância pode ser irreconciliável. Podemos fazer política para decidir regras gerais para nossa sociedade, mas podemos continuar separados no que preferiríamos como opção ideal.

No entanto, isso não quer dizer que nossas opiniões são relevantes quando o problema é descrever como o mundo realmente é. Nós certamente confundimos nossas preferências com o *como é o mundo* e deixamos nossas ideologias fazerem afirmações sobre fatos. E talvez seja impossível fazer uma separação completa. Mas, ainda assim, até para ter mais chances de conseguir o que queremos, devemos tentar. É do nosso interesse não tomar decisões sem uma forte preocupação com o *como as coisas realmente são*. Quando falamos sobre como o mundo é sempre resta alguma dúvida. Por vezes, essa é bastante pequena para ser ignorada. Em especial, ao decidir por uma ação, temos também de estimar como o mundo será, quais diferenças serão as consequências de nossas ações. Sem certeza e com tudo que aprendemos sobre nossa tendência a racionalização, não é demais lembrar mais uma vez que crenças sobre o mundo atrapalham nossa capacidade de aprender. Elas deveriam ser evitadas. Podemos ter crenças se elas contiverem incertezas, se forem provisórias, sem uma obrigação de defendê-las. Mas sempre lembrando que a decisão sobre como o mundo realmente funciona não é nossa.

Por outro lado, discutimos aqui que há questões para as quais, até onde sabemos, não se tem resposta lógica e nem como verificar o correto a partir de observações. E, nesse caso, nossa opinião individual seria tão válida quanto a de qualquer outra pessoa. Sendo assim, defender o que acreditamos, nesses casos específicos, pode fazer sentido. Nós provavelmente queremos evitar crenças fortes até mesmo nessas situações. Isso porque podemos eventualmente descobrir que temos preferências que se contradizem e, a partir daí, escolher quais são as mais importantes. Aprender sobre nós mesmos e o que queremos ficará mais fácil sem termos nos comprometido com alguma ideia. Mas, a princípio, poderíamos, sim, fazer nossas escolhas nessas situações.

Quando vamos passar à ação, a situação já não é mais tão simples. No exemplo do aborto, encontramos problemas para uma pessoa contrária ao aborto quando perguntamos que legislação essa pessoa deveria realmente defender. E, naquele caso, vimos que a decisão sobre quais leis uma pessoa deveria preferir depende de mais do que ser a favor ou contra a prática do aborto. Desejar punir quem pratica leva a uma escolha óbvia. Mas se o desejo for diminuir o número de abortos, estamos em uma mistura de problema moral com entender como o mundo realmente funciona. E, para essa segunda parte, nossas opiniões pessoais deveriam ser irrelevantes. Não são, nós confundimos tudo, mas isso é um erro. Humanos não funcionam dessa forma ideal, mas para isso criamos ferramentas impessoais como a Matemática. A preferência individual pode e deve ditar o que uma pessoa com esses valores precisa aprender. Mas a ação a ser escolhida precisa ser uma consequência tanto daquilo que a pessoa prefere como também de como as coisas realmente são e serão, de acordo com as decisões. Manter a habilidade de aprender, não se apegar a crenças e mudar de opinião, nesse caso, são habilidades fundamentais, mesmo quando vamos manter nossas preferências inalteradas.

* * *

Um aspecto do problema de escolher uma ação que é frequentemente negligenciado é como as outras pessoas vão reagir a nossas decisões. Pensamos no que queremos, no que podemos fazer e no que pode vir a acontecer. Mas há decisões em que, dependendo do que fizermos, as reações dos demais podem ser extremamente diferentes. E essas reações podem tanto ampliar quanto negar os efeitos que estamos buscando.

E não se preocupar com o modo como o outro vai agir é particularmente comum quando estamos falando de política. Quando um político se elege ou toma uma decisão, mesmo que bem-intencionada, é muito comum observarmos que ele simplesmente assume que as regras que criou e as decisões que tomou serão obedecidas, tanto na letra quanto em espírito. Mas, obviamente, não é isso que acontece quando lidamos com pessoas. Cada uma tem seus próprios objetivos e muitas pessoas são inteligentes o bastante para encontrar formas de se opor ou não colaborar com uma regra que não gostem. E, ao fazê-lo, o resultado final pode ser bastante diferente do pretendido. Boas intenções podem se tornar irrelevantes, se a pessoa que toma a decisão não entender como o mundo realmente funciona.

Para um exemplo simples, tomemos o problema de como avaliar se um cientista faz um bom trabalho. Um bom trabalho frequentemente leva a que os demais cientistas usem aquele trabalho em suas próprias pesquisas. E isso se traduz com citações. Ou seja, observou-se que o número de citações poderia ser usado como medida da importância de um cientista. Há variações sobre essa medida, como verificar quantos artigos tiveram um número mínimo de citações. Essas variações tentam medir a mesma coisa de forma mais confiável. Mas, em geral, se baseiam em características das citações que outros cientistas fazem ao trabalho da pessoa a ser avaliada.

Essas medidas têm problemas óbvios bem conhecidos e, como qualquer medida resumo, não são perfeitas. São um resumo rápido e todo resumo esconde informações. Mas, para nós aqui, o que importa é uma outra consequência do problema. Na medida em que mais instituições começaram a checar citações para decidir quem será contratado e quem terá verba, no lugar de analisar com mais cuidado a qualidade do trabalho de cada um, as pessoas perceberam imediatamente a necessidade de terem mais citações. E, com isso, tivemos um grande aumento de publicações irrelevantes, citações entre amigos e outras estratégias para aumentar os valores das medidas de uma pessoa sem que ela necessariamente tenha feito um trabalho melhor.

Ao decidir usar uma medida específica para a avaliação, qualquer que seja essa medida, as pessoas vão, inevitavelmente, usar estratégias para manipular essa medida, sem que necessariamente isso signifique a melhora desejada. Podemos querer trabalhos científicos mais relevantes e lidos e, na verdade, conseguir uma enxurrada de trabalhos sem importância, que citam uns aos outros, sem que nada de importante tenha sido feito. E, o que é pior, sem uma melhora real na produção científica. Não levar em conta como as pessoas reais e com muitos tipos de interesses e habilidades reagirão a nossas decisões e como isso pode alterar os resultados obtidos é um erro bastante comum quando tomamos decisões que afetam a muitos.

* * *

Vale lembrar também que temos uma tendência bem registrada de colocar nossas opiniões em pacotes de forma a que todas se apoiem, independentemente do que é verdade ou não. Assim, é esperado, pela nossa consistência irracional, que as pessoas que apoiem (ou sejam contra) o aborto escolham, nesse debate, ter todas (ou quase todas) as suas opiniões apoiando a sua conclusão desejada. E isso pode ser observado até mesmo em questões factuais em que deveríamos olhar os dados, e não procurar racionalizar uma decisão final. Esse racionalizar é errado e um tipo de desonestidade intelectual, ainda que praticado de forma inconsciente. E, portanto, um problema a ser evitado. Mas, infelizmente, é um erro muito difícil de ser corrigido, a ponto de que muitos cientistas considerem impossível separar fatos e preferências. Por outro lado, o fato de que até hoje nós falhamos nisso não significa que nunca conseguiremos fazê-lo. E vale a pena tentar.

É fácil, no entanto, encontrar ao menos uma pista para saber se estamos fazendo esse tipo de erro. E, nesse caso, basta observar nossas opiniões.

Se possuímos uma escolha moral na qual temos uma opinião forte, podemos e devemos analisar nossas opiniões sobre temas relacionados a essa opinião. Se todas elas (ou perto de todas) apoiam a nossa ideia favorita, há enormes chances de que nosso cérebro esteja nos enganando em ao menos algumas dessas opiniões, tentando evitar conflitos internos. Nós queremos evitar conflitos entre nossas ideias. Não percebemos, em geral, que esses conflitos não são um problema. Ao contrário, são um ótimo sinal de que estamos realmente tentando analisar um problema de forma séria e honesta. A nossa conclusão pode não mudar em nada, mesmo quando admitimos que há algumas questões em que nossa escolha não leva a um resultado perfeito. Fazer escolhas apesar de alguns fatores indicarem outros caminhos não é errado. Ao contrário, mostra que não estamos tão comprometidos com a resposta que paramos de pensar. Admitir que o outro lado do debate pode ter alguns pontos válidos, ainda que continuemos a discordar de suas conclusões, é um começo de aprendizado para raciocinarmos de forma correta e diminuir nossos vieses. É quando não enxergamos problemas com nossas ações e preferências que devemos realmente nos preocupar. E revisar tudo o que pensamos, com muito cuidado.

É claro que isso vale apenas para debatedores sérios. Há muitos charlatões que discordam apenas para chamar a atenção e ganhar seguidores, sem que suas ideias e argumentos tenham qualquer valor. Essas são pessoas a evitar e, na maioria dos casos, sequer vale a pena começar a discussão com elas. Porque discutir significa uma forma de respeito que não deve existir quando um debatedor é desonesto. O que é verdade qualquer que seja o ponto que o charlatão esteja defendendo. Charlatões que concordam conosco em algum debate não devem nunca ser vistos como aliados, pois eles destroem a seriedade de nossa posição. Ou seja, opiniões de pessoas que cometem incompetência séria ou desonestidade devem ser evitadas, independentemente de que lado essas pessoas afirmem estar. Mas se encontramos oponentes dispostos a discordar de forma séria, admitindo os problemas de seu lado e apontando nossos próprios erros, esse encontro, em geral, pode ser algo positivo. Precisamos, e muito, de pessoas que ajudem a encontrar nossos erros se quisermos continuar a aprender. Podemos aprender muito mais de pessoas honestas e competentes que discordem de nós do que de pessoas igualmente honestas e competentes que concordem.

Regras para um raciocínio melhor (atualizadas!):

1. Não confie no raciocínio natural de ninguém sobre problemas que não são cotidianos.
2. Se você não é um especialista, sua opinião não vale nada.
3. Há vários motivos para errarmos.
4. Pensamos e raciocinamos para aceitar o que o nosso grupo exige ou para convencer os outros membros.
5. Uma maioria que concorda com você não é evidência de que você estaria certo.
6. Métodos matemáticos e lógicos exigem ideias consideradas verdadeiras para começar.
7. A Matemática é uma ferramenta de contar histórias com menos furos.
8. Ao fazer ciência, temos sempre de lidar com incertezas. Acreditar em descrições do mundo é cometer um erro.
9. Saiba qual pergunta você realmente quer responder.
10. Aprender exige sempre procurar onde erramos.
11. Escolhas relacionadas a conceitos morais são um direito. Não conhecemos formas de encontrar o certo nesse caso.
12. Preferências morais, no entanto, são diferentes de que ações vamos escolher. Nossas ações devem depender tanto de nossas preferências quanto de como elas vão realmente afetar o mundo.
13. Podemos aprender sobre preferências da mesma forma que aprendemos sobre o mundo real.
14. Busque gente séria que discorde de você.

Procurando todas as respostas possíveis ■

A descrição tradicional da atividade científica tem furos. Isso acontece porque a busca pelas melhores respostas é uma atividade em que estamos sempre corrigindo e melhorando o que fizemos antes. Nada mais natural, portanto, do que descobrirmos formas de fazer ciência que sejam melhores e mais eficientes. E que, também, saibamos mais sobre como seria a forma ideal, como chegar perto dela e onde podemos melhorar nossas práticas.

Para entender por que os resultados científicos são o conhecimento mais confiável que temos,[7] vale a pena revisar brevemente tudo que já discutimos, para ter uma visão completa a partir da qual poderemos prosseguir e entender os limites do nosso conhecimento atual. Em primeiro lugar, vimos que nossos cérebros são máquinas eficientes de pensar, mas não são feitos para sempre procurar as melhores respostas. Problemas do dia a dia e questões que envolvam nossa sobrevivência direta são coisas para as quais estamos bem treinados ou podemos aprender com eficiência. Mas, quando nossas perguntas são mais sutis, os efeitos de pertencer a um grupo e defender nossas crenças se tornam importantes. E nós racionalizamos para justificar nossas respostas em vez de realmente raciocinar. Isso significa que precisamos de métodos confiáveis e verificáveis para avançar em nossa busca pelas melhores respostas.

A busca por esses métodos têm sido uma pergunta constante, com avanços importantes. Começamos a responder como melhorar nosso raciocínio há milhares de anos e continuamos buscando aprimorar nossas ferramentas. Desenvolvemos a Lógica para encontrar casos em que podemos ter certeza de que uma ideia é consequência inevitável de outras. A Matemática nos ajudou a descrever o mundo de formas diferentes da linguagem humana, em especial, de formas muito mais precisas. Mas ela ainda é, também, uma linguagem. Uma linguagem extremamente útil porque raciocínios feitos nessa língua são sólidos. Muitas vezes não conseguimos respostas, mas quando conseguimos, elas são confiáveis.

Mas a Lógica e a Matemática falam de mundos artificiais. Ainda assim, esses mundos podem ser extremamente úteis para descrever nosso mundo real. Por vezes, nossos mundos artificiais fornecem previsões tão assombrosamente boas que é razoável especular se não fizemos realmente grandes descobertas sobre a verdade do mundo real. Não sabemos se o mundo real realmente é como nossos melhores mundos artificiais descrevem ou apenas funciona como se fosse. Mas a concordância entre previsões e observações é, em algumas áreas, realmente impressionante.

Por outro lado, há perguntas sem respostas até mesmo em nossas melhores teorias. E há várias áreas do conhecimento em que não temos uma teoria completa, sólida e verificada. Temos ideias, temos algumas teorias, mas a observação do mundo não é tão clara para nos dizer quais são os princípios fundamentais que explicam como todas as coisas funcionam. Ou existem tantas influências diferentes no sistema que a busca por poucos princípios básicos é falha, uma vez que a melhor explicação talvez tenha realmente de conter uma quantidade enorme de fatores e causas. Nesses casos, precisamos e muito de métodos de análise de dados e temos de lidar com grandes incertezas. Fazer ciência exige entender as ferramentas da incerteza, a saber, probabilidades e estatísticas. Sempre podemos eliminar algumas ideias altamente improváveis, mas podemos ter de lidar com um grande número de causas prováveis. Ou porque apenas poucas realmente são relevantes – e temos dados insuficientes para saber quais – ou porque realmente a teoria mais completa precisa incorporar uma miríade de variáveis.

**

Vimos também que, mesmo quando as previsões de uma teoria falham, isso não necessariamente quer dizer que aquela teoria esteja errada. Se a falha for muito grande, podemos dizer que o conjunto completo que levou à previsão falhou. Claro que essa afirmação exige que primeiro tenhamos checado os dados com muito cuidado, procurando por erros. Afirmar que sabemos que há uma previsão errada também exige que repitamos o processo pelo qual os dados foram obtidos algumas vezes. Mas, depois de muitos experimentos e observações feitas por vários cientistas, pode chegar um momento em que, de fato, concluímos que a previsão estava errada. O que sabemos nesse caso que falhou foi o conjunto da teoria mais quaisquer descrições de mundo e hipóteses que tenham sido necessárias para que a previsão fosse feita. Quaisquer desses elementos podem ter sido a falha. É possível que a teoria não fosse errada, apenas incompleta, e que, com as devidas alterações, ela passe a funcionar com perfeição.

Isso quer dizer que uma das mais populares descrições atuais de como fazemos ciência tem alguns pequenos problemas. Essa descrição, que foi extremamente útil como avanço, foi apresentada por Karl Popper. Popper defendia que nunca podemos dizer que as nossas teorias atuais sejam, de fato, a verdade, pois é sempre possível que, no futuro, venhamos a descobrir informações que as contradigam. Ou seja, teríamos apenas a capacidade de dizer qual a melhor teoria que conhecemos até agora. Por outro lado, quando uma teoria falhasse, poderíamos, eventualmente, nos livrar dela. Popper reconhecia que era necessário checar com muito cuidado o que realmente tinha dado errado, mas, eventualmente, depois de muitas falhas, poderíamos declarar uma teoria como errada.

Essa descrição é uma aproximação bastante boa, mas ela precisa ser atualizada para permitir que falemos de incertezas, plausibilidades e probabilidades. O que podemos concluir é que uma teoria já falhou tanto que ela é extremamente improvável, na forma como foi testada até então. A diferença entre errado e extremamente improvável pode ser tão pequena que seja apenas uma tecnicalidade para matemáticos. Mas ela, de fato, existe. Ainda assim, na linguagem do dia a dia, em que essas diferenças pouco importam e extremamente improvável é o mesmo que impossível, podemos considerar que Popper estava basicamente correto.

* * *

Mas Popper também afirmava que uma teoria tem de fornecer previsões que permitam testar se ela é correta ou não. Ou seja, deveria ser possível imaginar um experimento que fornecesse como uma possível resposta evidências de que a teoria estaria errada. Esse experimento poderia ser muito difícil de realizar, claro, mas deveria ser, ao menos em princípio, possível. Ele chamou esse conceito de falseabilidade e afirmou que, para uma teoria ser científica, deveria ser falseável. Em termos mais simples, deveria ser possível provar que a teoria é falsa.

Como uma heurística, uma regrinha que pode ser útil, mas não é perfeitamente correta, o conceito realmente ajudou a separar teorias mais sérias de tentativas amalucadas. Mas chegamos a um ponto em que essa ideia precisa ser revista. O exemplo padrão é a teoria das cordas em física. Essa teoria tenta descrever o comportamento das menores partículas que conhecemos dizendo que elas seriam geradas por minúsculas cordas. Os detalhes da teoria não são importantes aqui. O que importa é que as previsões feitas por essa teoria são exatamente as mesmas do modelo padrão, que já existia antes da teoria das cordas ser proposta. Diferenças de comportamento exigiriam aceleradores com a energia comparável a toda a energia de uma galáxia para serem testadas. Portanto, os experimentos são impossíveis. Não há como distinguir qual das duas teorias seria melhor. Como consequência, alguns físicos afirmam que isso tornaria a teoria das cordas não científica por não ser falseável.

Há alguns pontos a comentar aqui. Primeiro, a teoria das cordas faz previsões, sim, que são falseáveis. Se são as mesmas previsões do modelo padrão, isso torna as duas teorias experimentalmente indistinguíveis. Mas ambas podem ser mostradas falsas, apenas seriam mostradas falsas em conjunto. Existe, sim, uma impossibilidade de diferenciar qual seria a mais correta. Mas isso é um problema apenas por conta de nossos desejos humanos. Queremos uma resposta final, independentemente de ela ser ou não possível. Mas esse desejo não significa que vamos conseguir. É perfeitamente possível que tenhamos de aceitar que duas ou mais teorias descrevem igualmente bem o mundo e não há como escolher entre elas, exceto por nossos gostos pessoais. Que são irrelevantes aqui e, portanto, a dúvida poderia, em princípio, permanecer para sempre. Mais do que isso, se várias teorias levam à mesma conclusão sobre o que deve acontecer no mundo, é possível até argumentar que as previsões ficam mais sólidas. As previsões seriam verdades mesmo em mundos diferentes e haveria maior chance de estarmos vivendo em um desses mundos.

Um segundo aspecto desse problema, e um extremamente importante, é como ele ilustra a conclusão de que, quando procuramos respostas corretas, quando fazemos ciência a sério, nós devemos sempre apresentar todas as possíveis explicações razoáveis. Nesse caso, temos duas teorias capazes de explicar as mesmas observações e é necessário conviver com ambas. É possível que, um dia, alguém obtenha uma situação em que as previsões são diferentes e testáveis, é claro. Mas isso não é relevante para uma teoria ser científica. No momento, não é possível aprender quais das duas está certa. E é isso. Como não há dados para essa resposta, restam apenas as preferências individuais. O que significa que a incerteza se mantém, e inalterada.

O que aprendemos é que não é um erro ter mais de uma explicação. Ao contrário, a forma correta de fazer ciência é buscar tantas explicações quanto sejamos capazes de imaginar. Criar teorias é uma atividade essencial e não há limites para isso. Essas novas teorias podem surgir de qualquer forma, não há regras para a criatividade. Sim, após serem criadas, nós precisamos aprender o que elas preveem e comparar essas previsões com os dados que temos. A maioria das teorias falha nessa hora. Como já discutimos, muitas se tornam tão improváveis que podemos descartá-las como quase certamente erradas. Mas não há nenhum motivo para esperar que apenas uma sobreviva. Nada além de nossos desejos por uma verdade única. Que, mesmo que exista, pode não ser conhecível.

* * *

Em resumo, ao buscar conhecimento, ao contrário do que sempre acreditamos, não devemos nos preocupar em achar uma única teoria que descreva tudo corretamente. Se, após comparar teorias, hipóteses auxiliares, e todas as variações razoáveis com os dados apenas uma combinação explicar bem o mundo, ótimo. Podemos ter razoável confiança que aquela combinação funciona melhor e dizer que temos uma explicação vencedora. Mas, em princípio, não há por que supor que teorias distintas não possam fornecer as mesmas previsões. E, nesse caso, serem indistinguíveis.

Além disso, em situações em que os dados não são claros, é normal que várias teorias, mesmo com previsões um pouco diferentes, ainda descrevam o que observamos igualmente (ou quase igualmente) bem. Nesse caso, uma delas pode até ficar um pouco mais provável, mas continuamos com mais de uma teoria como sendo razoavelmente provável. Reconhecer, nesse caso, que o estado do conhecimento é de dúvida é algo que até mesmo a comunidade científica ainda precisa aprender.

Regras para um raciocínio melhor (atualizadas!):

1. Não confie no raciocínio natural de ninguém sobre problemas que não são cotidianos.
2. Se você não é um especialista, sua opinião não vale nada.
3. Há vários motivos para errarmos.
4. Pensamos e raciocinamos para aceitar o que o nosso grupo exige ou para convencer os outros membros.
5. Uma maioria que concorda com você não é evidência de que você estaria certo.
6. Métodos matemáticos e lógicos exigem ideias consideradas verdadeiras para começar.
7. A Matemática é uma ferramenta de contar histórias com menos furos.
8. Ao fazer ciência, temos sempre de lidar com incertezas. Acreditar em descrições do mundo é cometer um erro.
9. Saiba qual pergunta você realmente quer responder.
10. Aprender exige sempre procurar onde erramos.
11. Escolhas relacionadas a conceitos morais são um direito. Não conhecemos formas de encontrar o certo nesse caso.
12. Ações devem depender de nossas preferências e de como elas vão realmente afetar o mundo.
13. Busque gente séria que discorde de você.
14. Devemos buscar todas as possíveis explicações para o que observamos e, a partir delas, verificar quais explicam melhor o mundo.

Especialistas
e pseudociências ∎

Há vários anos,[8] eu estava conversando com outro professor de universidade pública sobre a religião dele. O nome do professor e qual era a religião são irrelevantes aqui. Vale saber, no entanto, que professores concursados de universidade pública no Brasil, como era o caso dele, não apenas dão aulas. Temos de fazer pesquisa, participar da administração da universidade e de diversas outras atividades. Cada um se dedica mais a uma atividade, claro, mas supõe-se que todos estão plenamente qualificados para desempenhar todas as atividades. O que quer dizer que, ainda que em tempo parcial, um professor nessa posição deveria ser também um cientista. O que me impressionou nessa conversa, e o motivo pelo qual eu me lembro dela até hoje, foi a defesa infundada que esse professor fazia da ideia de que sua religião teria bases científicas. De acordo com aquele professor, os seguidores de sua religião buscavam evidências de que suas crenças estavam corretas. E, ao fazê-lo, funcionavam como ciência.

No capítulo anterior, eu expliquei por que precisamos avançar do conceito de falseabilidade para ideias mais atuais e corretas. Há chances e espaço para as teorias que não podemos testar, sim. Mas, sendo impossível testar, as chances são apenas nossos palpites iniciais. Elas nunca se alteram e, como não há testes, não aprendemos nada. No entanto, há um princípio fundamental, reconhecido há muito tempo, que não foi alterado. Fazer ciência exige buscar evidências de que estamos errados, não de que estamos certos. Se não encontrarmos essas evidências, nossas ideias sobrevivem. Se nem for possível procurar por tais evidências, isso não prova que a ideia está errada. Mas essa ideia continuará igualmente improvável, como era da primeira vez que alguém a propôs. Afinal, existem tantas ideias possíveis que todas começam como improváveis.

Ou seja, achar que fazer ciência é procurar evidências de que a ideia de que mais gostamos está correta é um enorme erro. Tenho insistido aqui que não devemos nos apegar a uma ideia e este é mais um desses casos. Infelizmente, é um caso bastante comum. Quando alunos de graduação ou no começo de uma pós decidem que querem se dedicar à pesquisa, frequentemente ouvimos esse tipo de proposta. A frase "eu pretendo provar que" seguida pela ideia que o estudante quer defender é ouvida com uma enorme frequência. Vamos esquecer por um momento que provas sobre o mundo real, ao menos no sentido matemático/lógico do termo, costumam não ser possíveis. Isso é apenas escolha de termos e o termo provar poderia facilmente ser trocado por encontrar evidências de que a ideia é correta. Mas, mesmo com tal mudança, a atitude ainda está errada e é contraproducente. Um bom cientista não tenta defender uma ideia ou teoria. Repetindo mais uma vez, nós tentamos descobrir SE uma teoria é correta. E a forma de fazer isso é procurando evidências que mostrariam que a teoria errou. Temos de procurar erros. Mas nossa mente deseja, na verdade, racionalizar nossas ideias.

Encontrar razões para defender uma ideia, no entanto, não é o trabalho de um cientista. Por sorte, como discutimos antes, a estrutura de muitas áreas científicas premia a detecção de erros e o aparecimento de novas ideias. Sendo assim, técnicos que avançam o que sabemos sobre uma ideia específica, mesmo que tenham uma agenda oposta aos métodos científicos, não fazem tanto dano quanto poderiam fazer de outra forma. Procurar evidências de forma honesta é gerar dados, o que sempre pode ajudar. Eu nunca chamaria quem procura defender uma ideia de cientista; mas alguém assim ainda pode ser um bom técnico. Por outro lado, se essa pessoa estiver trabalhando em um problema no qual seus pares também não estão interessados em verificar erros, e sim em defender alguma ideia, essa área se torna, quase inevitavelmente, não confiável. Criar um grupo que busque apenas evidências a favor de uma ideia e nunca contra é uma receita para a criação de uma pseudociência.

* * *

Notemos que o problema da existência de um ou mais deuses é algo que, por definição, está fora dos assuntos sobre os quais podemos aprender muito. É possível eliminar descrições como sendo erradas por inconsistências lógicas. É também possível verificar se há algum poder que reagiria a algum tipo de comportamento específico nosso (nunca encontramos algo assim). Mas, se falamos de um ser – ou seres – com capacidades muito acima das nossas e que usa seu conhecimento para não ser encontrado, não teremos realmente dados e ficamos no caso de mais uma ideia que não pode ser verificada. E, enquanto não houver afirmações sobre sabermos que é verdade ou que há comprovação científica, estamos no terreno da fé e dos palpites individuais. Nada mais a dizer, nada que possamos saber, apenas o que cada um sente. Sentimentos que, como vimos, são péssimas indicações do que é verdade. Mas isso não quer dizer que os palpites de alguém sejam falsos. Nem verdadeiros. Improváveis, possivelmente, mas, no fundo, não sabemos.

O problema começa quando uma ideia não verificada se apresenta como sendo algo que supostamente saberíamos. Afirmar que uma religião teria alguma base científica, quando essa base é falsa como acabamos de ver, é algo entre mentira e incompetência. Pode ser difícil dizer qual o caso e, pessoalmente, eu sinto que as pessoas atribuem intenções nefastas (mentira) com muito mais frequência do que realmente acontece. É só um palpite meu, claro. E posso estar bem errado nisso. Mas sempre digo aos meus alunos que é melhor nunca esquecer a possibilidade da falta de competência.

Vale também notar que a falta de competência não é, a princípio, uma crítica pesada. Todos nós começamos nossas vidas como incompetentes, sem nenhum conhecimento sobre as melhores práticas científicas. É natural, portanto, que erremos ao tentar pensar sem o devido treinamento. Vimos as diversas estratégias que nossos próprios cérebros podem usar para nos enganar. Sem aprender com os erros passados de muitas gerações de cientistas, sem o velho clichê de estar sobre ombros de gigantes, nós realmente falhamos. Seria de se esperar que, em certas posições de mais destaque dentro das ciências, esses erros não acontecessem. Mas nem isso realmente é verdade. Afinal, se estamos sempre corrigindo nossas práticas, nada mais natural que alguns aprendam antes as formas corretas e outros levem mais tempo até se corrigir.

* * *

Há também aqueles que não estão interessados em absoluto em obter respostas confiáveis, de forma correta ou errada. Charlatões e trambiqueiros estão em toda parte e, ainda que sejam uma minoria, eles podem causar muito dano. Alguns podem tentar vender ideias que eles sabem falsas, porque assim podem ganhar dinheiro. Outros podem não saber se o que estão vendendo é falso ou não, mas simplesmente não se importam desde que haja alguém pagando. Nesse ambiente, aquele que é enganado pelo próprio cérebro e levado a acreditar nas bobagens que vende pode parecer um mal menor. E, de fato, é uma pessoa sem intenção de causar dano. Mas, se tal pessoa também está vendendo a mesma solução falsa, o efeito é praticamente o mesmo daquele causado pelo charlatão que sabe que está enganando ou pelo trambiqueiro que não sabe e não se importa. Os três estão ganhando dinheiro e prejudicando alguém, intencionalmente ou não.

Com isso em mente, por algum tempo eu defendi que precisaríamos parar de separar ideias em ciências *versus* pseudociências. As ideias não têm culpa e, em geral, quando propostas pela primeira vez, costumam ser tentativas válidas de entender o mundo. Mesmo que seja possível, em alguns casos, obter logo informações que indiquem que uma ideia está errada, faz parte do trabalho correto de alguém aprendendo sobre o mundo formular o maior número de ideias possível na tentativa de explicar quaisquer fenômenos. Várias dessas ideias estarão erradas, claro. Apegar-se a ideias erradas é uma atitude anticientífica. Mas a culpa não é da ideia e sim de quem defende posições quando deveria saber que aquelas posições são desmentidas pelos fatos e experimentos.

Quando foram inicialmente propostas, astrologia, homeopatia e várias outras pseudociências eram tentativas válidas de descrever o mundo. Vejamos o caso da astrologia. Nossos ancestrais observaram que o momento certo para plantar era indicado pela posição do Sol em relação às constelações do Zodíaco. Isso acontecia porque a posição do Sol nos diz que data estamos no ano, ou seja, onde estamos na passagem das estações. Sendo assim, ela mede se é inverno ou verão. E, de fato, há estações do ano em que é mais indicado semear ou colher cada tipo de planta. Obviamente, não são os signos que causam isso. Mas isso só é óbvio hoje. Quando os céus começaram a ser observados, o que as pessoas descobriram foi que, de fato, havia aspectos da vida na Terra que podiam ser previstos observando-se o que acontecia no céu. Supor, a partir disso, que outros detalhes também poderiam ser previstos e até mesmo que houvesse uma influência direta (e não apenas a coincidência do calendário) era uma hipótese perfeitamente válida. Até termos muitas observações que desmentem completamente a astrologia, ela era uma suposição razoável.

Ou seja, o problema não seria a ideia. E, sim, quem continua a defendê-la depois que temos evidências claras de que ela está errada. Como precisamos sempre criar e testar novas ideias, em princípio, não deveríamos criar mecanismos de repressão contra descrições do mundo. Ao menos não inicialmente. Mesmo ideias contra tudo o que sabemos sobre o mundo, como é o caso da homeopatia, deveriam ser consideradas propostas válidas, ainda que inicialmente já sejam muito improváveis. Afinal, tudo o que sabemos diz que a homeopatia deve estar errada. Mas apenas após verificar que ela de fato não funciona, como observado em inúmeros estudos, é que poderíamos realmente dizer que aquela muito pequena chance inicial basicamente sumiu com tudo o que aprendemos. Mas a culpa não é da ideia. É, sim, de quem continuar a defendê-la depois de termos evidências bastante conclusivas.

Situações em que as evidências não são conclusivas, portanto, não deveriam ser classificadas como pseudociências, de acordo com esse meu ponto de vista. Hipóteses não testáveis, como a existência de alienígenas ou deuses, nesse caso, seriam apenas isso, não testáveis. Portanto, não seríamos capazes de aprender se estão certas. Nem erradas. O erro estaria nas pessoas que afirmam saber que elas estão certas, que as defendem como verdades. Ou que buscam defender essas ideias, mesmo sem evidência. Um maluco ou charlatão que distorce toda e qualquer evidência para dizer que achou provas de que existem alienígenas é claramente um pseudocientista. Mas a hipótese, em si, seria apenas algo que não conseguimos determinar. É fundamental entender que, se supusermos alienígenas superavançados que não querem ser vistos, essa hipótese não é testável. E isso significa a necessidade de se admitir que não podemos afirmar se eles existem. Mas afirmar que existe uma possibilidade, ainda que uma chance pequena, não seria, de forma alguma, pseudocientífico.

* * *

Pessoalmente, eu ainda acho que culpar as pessoas, e não as ideias, é o certo a fazer. Mas, infelizmente, para o avanço do nosso conhecimento, mesmo estando correta, essa estratégia pode ser contraprodutiva. Isso porque, como as pessoas tendem a defender suas ideias e a se separar em grupos, agrupá-las previamente pode não ajudar a convencer ninguém que já não esteja convencido. Portas de saída honrosas podem ser mais úteis do que muralhas. E, ao culpar as ideias, mesmo que elas não tenham culpa, poderíamos dar uma chance adicional às pessoas que estão defendendo pseudociências para que abandonem suas crenças. Já chamamos essas ideias de pseudociências mesmo, portanto, seria apenas necessário atrasar a mudança da culpa das ideias para as pessoas. Em um ambiente de confronto, diminuir a agressão pode ajudar que mais pessoas aceitem aprender como raciocinar de forma mais correta.

Tal argumento, que eu li de alguns amigos comentando minhas ideias sobre pôr a culpa nas pessoas no improvável Facebook, parece realmente razoável. Eu não saberia dizer o quão ele é efetivo, uma vez que pessoas vão defender suas crenças mesmo quando não atacadas. Mas, certamente, durante conversas individuais com defensores de pseudociências, não transformar a conversa em uma batalha, ouvir e responder com respeito e cuidado as questões que a pessoa tiver é muito mais efetivo do que culpar. Os nossos instintos, eu sei, são de atacar; e eu sei que já fui culpado disso. Há coisas que colocam vidas em risco e é difícil se controlar quando você vê que o comportamento de alguém pode causar mortes. Mas vale sempre lembrar que, na grande maioria das vezes, as intenções são boas, mesmo quando as ações são desastrosas. E que, numa conversa e num debate entre posições opostas, só temos chances de ser ouvidos quando realmente tratamos o outro lado com respeito. Ou seja, para divulgadores de ciência e pessoas simplesmente tentando convencer amigos a ouvir a voz da razão, precisamos lembrar que jogar a culpa na pessoa com quem você estiver conversando destrói a conversa.

É claro que há casos em que a outra pessoa já deu tantas provas de desonestidade que não vale mais a pena continuar o debate. Alguém que falsifique dados para defender suas ideias, que esteja sempre mentindo sobre o seu ponto de vista, representando-o de forma errada apenas para argumentar, uma pessoa assim não merece o respeito que eu mencionei acima, pois ela não está interessada em um debate honesto. Mas isso só saberemos depois de tentar. E, sendo o caso, podemos, sim, usar os mesmos direitos que temos quando discordamos de alguém em problemas morais. Lembre-se de que, mesmo que a lógica não nos diga o que é moralmente certo, se todas as pessoas têm direitos a escolher sua moral, nós também temos. E isso inclui o direito a julgamentos morais. E verificar que alguém está apenas interessado em defender suas próprias ideias, independentemente de quais possam ser as melhores explicações, pode e, provavelmente, deve levar a um julgamento moral. Ao menos, para mim, deve.

Errar, mesmo que muito, mas com vontade de saber a verdade, é perdoável. Frequentemente, as pessoas acreditam em bobagens porque não tiveram acesso à informação necessária para entender o porquê de suas crenças seriam bobagens. Nesse caso, é apenas uma questão de aprendizado. Mas seres humanos são teimosos e, muitas vezes, não querem mudar de opinião. Vários até mesmo admitem que não há evidência capaz de fazer com que pensem diferente.

Nesses casos, mesmo sem mentiras intencionais, o debate também pode se tornar impossível. Pior que isso, ao debater, podemos conceder a um outro lado, baseado em raciocínios muito errados, a ilusão de que suas ideias ainda valem algo e, portanto, são dignas de debate. Dar voz às pseudociências é muitas vezes uma escolha ruim. Nesse caso, culpar as pessoas seria, de fato, uma ideia melhor. Se apresentada por uma pessoa interessada em descobrir se aquela hipótese que parece errada é realmente errada, deveríamos, sim, debater. É quando o outro lado busca apenas um palco e não tem interesse em aprender que devemos negar o palco. O problema, em geral, são as pessoas, e não as ideias. Mas apenas umas poucas pessoas, a maioria dos que defendem pseudociências são vítimas, não culpados. Há uma linha difícil de caminhar aí, se quisermos realmente convencer os inocentes de que foram ludibriados. Assumindo que isso seja possível, é claro.

* * *

Finalmente, no caso das pseudociências, há um fator a mais que temos que levar em conta. Esse fator é a totalidade do que já sabemos, incluindo nessa totalidade, as teorias muito confiáveis que tivermos. Quando alguém propõe uma ideia que está em desacordo com nossas teorias mais sólidas, verificadas em laboratórios até a exaustão, o mais provável é que a ideia esteja errada. E isso acontece mesmo antes de coletarmos dados. Simplesmente porque sabemos que nossas teorias funcionam incrivelmente bem. Se temos alguma ideia que exigiria mudanças em nossas melhores teorias, essas teorias deveriam estar erradas. E sabemos que provavelmente as teorias estão certas ou perto disso. Vale sempre a pena testar. Cedo ou tarde, alguma ideia melhor pode aparecer. Mas é de se esperar que, se mil ideias em conflito com nossas melhores teorias forem testadas, talvez uma funcione. As demais, temos quase certeza de que falharão.

Em especial, as teorias da Física são muito bem testadas e confirmadas. Exceto nas situações limite bem catalogadas em que, de fato, sobram dúvidas, nós sabemos prever muito bem como um sistema físico vai se comportar. Afirmações sobre energias que não têm efeitos em laboratórios, sobre diluir algo em água até que nem mesmo uma molécula permaneça, e de que a posição dos planetas poderia ter algum efeito sobre nós – todas soam absurdas dentro de nossas teorias atuais. Podemos, portanto, mesmo antes de qualquer experimento, esperar que elas estejam erradas. As chances iniciais são bem baixas. Quando realizamos os experimentos e não encontramos nenhuma evidência convincente, fica basicamente certo que essas ideias estão simplesmente erradas. Já esperávamos isso apenas a partir de nossas teorias mais sólidas. Ter a confirmação de que os efeitos não são observados fortalece essas conclusões. Há várias ideias que, sabemos, estão simplesmente erradas.

Regras para um raciocínio melhor (atualizadas!):

1. Não confie no raciocínio natural de ninguém sobre problemas que não são cotidianos.
2. Se você não é um especialista, sua opinião não vale nada.
3. Há vários motivos para errarmos.
4. Pensamos e raciocinamos para aceitar o que o nosso grupo exige ou para convencer os outros membros.
5. Uma maioria que concorda com você não é evidência de que você estaria certo.

6. Métodos matemáticos e lógicos exigem ideias consideradas verdadeiras para começar.
7. A Matemática é uma ferramenta de contar histórias com menos furos.
8. Ao fazer ciência, temos sempre de lidar com incertezas. Acreditar em descrições do mundo é cometer um erro.
9. Saiba qual pergunta você realmente quer responder.
10. Aprender exige sempre procurar onde erramos.
11. Escolhas relacionadas a conceitos morais são um direito. Não conhecemos formas de encontrar o certo nesse caso.
12. Ações devem depender de nossas preferências e de como elas vão realmente afetar o mundo.
13. Busque gente séria que discorde de você.
14. Devemos buscar todas as possíveis explicações e verificar quais explicam melhor o mundo.
15. As ideias não têm culpa, pessoas que as defendem de forma desonesta têm. Mas muitas defendem por falta de conhecimento apenas.

Confiar em quem? ■

 É frequente ouvirmos críticas a ideias bem-aceitas pela comunidade científica segundo as quais se afirma que há muito dinheiro por trás daquela ideia. E, portanto, as pessoas que a defendem seriam não confiáveis. Às vezes, a crítica procede. Confiar em quem está tentando vender um produto para nós é sempre uma má ideia. A pessoa ou a empresa podem até ser honestas. Mas há evidentes interesses em esconder problemas e maximizar a parte boa. Ao chegar aqui, sabemos que até mesmo pessoas honestas serão levadas a distorcer a informação a seu favor, ainda que o façam de forma inconsciente.

 Ou seja, não há nada de errado em desconfiar de quem tenta vender um produto. Se a pessoa for desonesta, a desconfiança é, obviamente, justificada. Mas, mesmo que a pessoa seja honesta, ainda temos que lidar com o fato de que ela é um ser humano. E, como tal, sujeita a vieses, a acreditar no que diz mais do que deveria e a cometer erros como ignorar evidências contrárias e racionalizar sobre seu produto. Esperamos que qualquer ser humano vá procurar as evidências a favor do que diz e, ainda que inconscientemente, ignorar as evidências contra.

 Desconfiar das afirmações daquilo que se chama em inglês de Big Pharma, as grandes companhias farmacêuticas, é, portanto, natural e correto. Isso não quer dizer que elas sempre mentem. Mas faz sentido perguntar, a cada afirmação feita, se tal afirmação está correta. Os casos de como as companhias de tabaco lidaram com a evidência de que cigarros causam câncer e de como as petrolíferas já esperavam por efeitos de mudança climática há décadas apenas reforçam essa necessidade de não se confiar nas palavras de uma empresa quando esta tem algo a ganhar ou perder dependendo do que acreditamos.

 No entanto, a posição da maioria dos cientistas, neste caso, não é contrária à das companhias farmacêuticas. Nos casos das perguntas sobre se cigarro causa câncer ou se os seres humanos são responsáveis pelas alterações climáticas, os cientistas, sempre com algumas exceções, se posicionaram claramente ao dizer que havia dados que sugeriam que os cigarros causavam, sim, câncer. E que havia evidências claras de que nós, humanos, estávamos causando um aquecimento global que só viria a piorar com os anos. Mas, quanto à validade dos medicamentos vendidos pelas companhias farmacêuticas, a opinião geral é que, ainda que haja melhoras necessárias no modo como os remédios são aprovados, a eficácia da maioria dos medicamentos e vacinas é um resultado que podemos confiar. O que nos leva a perguntar se realmente podemos confiar nos cientistas nesse caso.

* * *

A primeira resposta a esse problema, encontrada em inúmeros livros de metodologia, vem do fato de que os remédios vendidos pela indústria farmacêutica tradicional são testados por agências reguladoras, seguindo protocolos bastante bem definidos e compreendidos. E rígidos. Vimos recentemente, no caso das vacinas contra o vírus da covid-19, que entre o aparecimento das primeiras vacinas e a sua aprovação pelos órgãos centrais, tivemos um tempo de espera que, para quem queria se livrar da pandemia o quanto antes, pareceu desnecessariamente grande. Mas esse tempo, que foi menor que o usual devido à urgência, era necessário para que os devidos testes fossem feitos e seus dados analisados. Ainda assim, dada a pressa, as agências de fato concederam permissões temporárias, uma vez que o processo completo de aprovação definitiva de uma vacina levaria muito mais tempo, assim como testes adicionais. O objetivo do processo completo é determinar se um medicamento ou vacina funcionam, se são seguros e também conhecer seus possíveis efeitos colaterais.

Os protocolos para realizar esses testes envolvem lidar com uma série grande de conceitos que são desconhecidos ou, no mínimo, mal compreendidos pelo público em geral. Ideias como placebo, testes de duplo-cego, aleatorização, entre outras são fundamentais para garantir uma maior confiança nos resultados e quem quer que realmente queira discutir a segurança e a eficácia de qualquer substância necessita entender perfeitamente bem o seu significado, dentre vários outros requisitos. Por isso, recomendo fortemente aos leitores que prossigam na exploração do que aprenderam neste livro com um estudo de bons métodos de exploração científica. Tal estudo deveria incluir, ao menos, desenho de experimentos e métodos básicos de interpretação de dados, assim uma formação adicional nas questões básicas de epistemologia. Cada um desses conhecimentos ajuda bastante.

Há formas obrigatórias que devem ser respeitadas pela indústria farmacêutica para que ela tenha seus produtos aprovados. Essas formas fornecem garantias mínimas de que foram realizados testes para se verificar se esses produtos realmente funcionam e quais são os potenciais problemas que eles causariam. Isso fornece um certo nível de confiança. Mas que está longe de ser absoluto. Problemas ainda existem e melhoras nos protocolos são sempre bem-vindas. Há problemas conhecidos. Por exemplo, tudo que se exige para aprovação de um remédio é que ele funcione. Ou seja, ele não precisa funcionar melhor que os anteriores. Há motivos para isso, uma vez que algumas pessoas podem ter alergia aos remédios já existentes e indivíduos diferentes reagem de forma distinta ao mesmo medicamento. Ter alternativas é importante para os médicos. Então, aprovar medicamentos que funcionem tão bem – e às vezes até não tão bem – quanto os que já existem é correto. Mas isso permite que a indústria faça pressão e propaganda visando a troca de medicações antigas eficazes por versões mais novas não porque as mais novas são melhores, mas apenas porque são mais caras e dão mais lucros. Mecanismos de controle precisam ser criados para lidar com esse tipo de problema e com quaisquer outras práticas cujo objetivo não seja a melhora da saúde das pessoas a custos menores. O sistema funciona, até certo ponto. Está longe de ser perfeito e manter um nível saudável de dúvida é sempre uma boa atitude.

Há outros problemas, bem conhecidos, e que já estão sendo discutidos abertamente pela comunidade científica. Por exemplo, a forma como os periódicos científicos decidem quais pesquisas publicar tem levado a um incentivo para experimentos que dão certo. Às vezes, experimentos parecem dar certo, mas foi apenas uma flutuação, a sorte interferiu em um dos lados e mais gente se curou. Esses experimentos parecem que deram certo e são publicados. Mas, quando a sorte trabalha contra, não temos a publicação. Ou seja, há um viés nas publicações, uma vez que as revistas tendem a aceitar só confirmações e raramente resultados negativos. Com isso, há uma crise de resultados publicados que, quando outras pessoas tentam reproduzir, simplesmente não são mais observados. O que sugere fortemente que precisamos de muito mais trabalho na verificação de resultados publicados anteriormente. Os problemas são reais, mas, como a ciência funciona procurando e corrigindo erros, nós os encontramos eventualmente. E temos trabalhado na melhora das práticas. Essa melhora tem acontecido bem mais devagar do que deveria, sim. Seres humanos continuam sendo humanos e defendendo suas velhas práticas. Mas as mudanças acontecem e, em um prazo mais longo, a tendência é pela correção dos erros.

* * *

Todos esses problemas não significam, no entanto, que as alternativas à prática padrão sejam melhores. E esse é um ponto central aqui. Há situações em que o conhecimento científico é extremamente confiável. Boa parte das ciências exatas se encontra aqui. Há outros casos em que há, sim, motivos para algum grau de ceticismo, ainda que, no geral, nosso conhecimento funcione. Pode ser que funcione na maior parte das vezes, ou pode ser necessário desconfiar seriamente de resultados novos. Mas, ainda que com dúvidas, mesmo os resultados novos devem ser considerados possibilidades a serem validadas mais tarde. E há algumas áreas nas quais estamos distantes de qualquer consenso e, portanto, uma saudável dúvida é a resposta correta a qualquer pergunta.

Nosso conhecimento está longe de ser perfeito. Muitas dúvidas permanecem. E faz parte de qualquer análise séria lembrar disso. Mas reconhecer que existem problemas em estudos sérios é bem diferente de aceitar ideias que não tem nenhuma base sólida. No caso de medicina tradicional, apoiada pelas indústrias farmacêuticas *versus* medicinas alternativas, essa observação é bastante relevante. A medicina tradicional ainda está longe de ter teorias abrangentes e confiáveis como a física. E há muito a consertar em suas práticas. Mas isso não quer dizer, de forma alguma, que o outro lado seja melhor. Sim, a indústria farmacêutica quer ganhar bilhões. Mas isso é verdadeiro também sobre a indústria de terapias alternativas. Ambos os lados são movidos pelos mesmos fatores.

Esses fatores incluem dinheiro, prestígio e crenças. No campo do dinheiro, não há diferenças. Ainda que a acusação de estarmos diante de uma indústria bilionária seja quase só feita contra a indústria farmacêutica tradicional, a indústria de produtos naturais e medicina alternativa é também uma indústria bilionária. Não faz sentido acusar um lado e poupar o outro. Em termos de prestígio, seria de se esperar que as pessoas buscassem o que estivesse mais correto. Afinal, no longo prazo, estar errado é ruim para o prestígio de alguém. Mas há bastante prestígio e posições sociais a ganhar no discurso de que algo seria mais natural e, portanto, melhor. A afirmação de que natural seria melhor é completamente sem fundamento. Se formos discutir mais profundamente, o termo *natural* sequer faz muito sentido. Mas há um sentimento positivo associado à palavra natural que acaba emprestando prestígio a quem usa esse argumento, ainda que para vender tratamentos ineficazes.

Finalmente, quanto a crenças, como já vimos aqui, sabemos que vamos encontrar nos dois lados do debate pessoas que realmente acreditam no que dizem. E que vão defender suas posições ferozmente. Mas já sabemos que crenças e posições defendidas com confiança são absolutamente irrelevantes se quisermos achar as melhores respostas. Ao contrário, resta olhar o que dizem os experimentos, quando esses são bem-feitos. E nós chamamos as medicinas alternativas de alternativas, em geral, exatamente por não haver evidência experimental séria para apoiá-las. Quando essa evidência aparece para um determinado tratamento, este acaba virando medicina tradicional. E, sim, passa a ser comercializado pelos grandes laboratórios.

Discutir preços e melhoras de práticas faz todo o sentido. Mas quando a competição é contra práticas alternativas, o que temos são duas indústrias bilionárias procurando compradores para seus produtos. Uma delas é forçada a ter a validade do que vende comprovada por órgãos independentes (sim, poderiam e deveriam ser ainda mais independentes do que são). Já a indústria alternativa funciona sem evidência alguma de que funcione e usa chavões mal definidos para vender.

* * *

Confiar em uma opinião que seja consenso entre a maioria dos cientistas é uma boa ideia. Mas não porque a ciência seja infalível. Nem mesmo é o caso de que cientistas seriam pessoas melhores, eticamente superiores, ou qualquer coisa assim. Somos todos humanos, todos falhos, e podemos encontrar os melhores e os piores de nós em todos os lugares. Muitos cientistas nem mesmo mereceriam ser chamados de cientistas, ainda quando seu trabalho ainda seja útil, quando somado ao resto da comunidade. O que torna o conhecimento científico mais confiável é uma série de fatores, alguns dos quais já vimos aqui.

Temos uma máquina social que funciona procurando os erros dos que vieram antes e tentando fazer melhor. Mas isso não quer dizer apenas trocar o velho por conta de modismos. O fazer melhor não é julgado apenas pelos gostos da época, ainda que isso inevitavelmente tenha alguma influência. Melhor, aqui, tem o sentido de concordar mais com as observações do mundo real. E esse é um critério que não é alterado. Estamos sempre mudando teorias e métodos, mas para melhor descrever o que é visto. Há muitos detalhes a mais que não cabem aqui, como, por exemplo, quais fenômenos são considerados mais relevantes e quais não esperamos explicar com nossas teorias atuais. Entender como tentamos saber algo é uma área do conhecimento enorme, chamada Epistemologia e não caberia neste espaço descrevê-la. Aqui, nos importa perceber que a concordância entre teoria e observação é o ponto central. O fato de o critério ser sempre esse e não ser alterado de acordo com as preferências de cada época é fundamental para que, aos poucos, as melhores teorias e ideias se sobreponham às demais. Quando não há a possibilidade de se comparar nossas ideias com a realidade, podemos ainda ter preferências. Mas saímos do reino das ciências e entramos em política, ética, artes. Áreas extremamente importantes também. Mas a dinâmica das ideias, sem uma comparação com um padrão não humano, é bem diferente.

Mas não apenas procuramos erros, verificando como cada ideia funciona ao descrever o mundo. Há também um acúmulo de conhecimento que já dura milênios. Nenhum de nossos maiores gênios teria conseguido chegar aonde chegou se não tivesse aprendido, e muito, de seus antecessores. A frase de Isaac Newton sobre enxergar longe por estar sobre o ombro de gigantes reflete exatamente isso. Newton, um dos maiores cientistas de todos os tempos, admitia que só conseguiu ir tão longe porque aprendeu o que vinha antes.

Ou seja, qualquer um que queira realmente ser capaz de fazer comentários sobre ciência sem soar como um completo incompetente tem que, primeiro, entender o que foi feito antes e porque os cientistas fazem as afirmações que fazem. A quantidade de erros conhecidos e que um leigo cometeria é absurdamente grande. Muitos desses erros podem ser evitados com uma educação sólida na área de interesse. A partir dessa educação, é perfeitamente possível discordar e sugerir ideias novas. Mas sem o conhecimento dos métodos e resultados já comprovados das áreas relevantes para a discussão, assim como dos erros já identificados, uma pessoa realmente não tem quase nenhuma chance de fazer uma contribuição relevante.

Ao procurar por fontes confiáveis, portanto, precisamos verificar que a pessoa que fornecerá as informações, de fato, aprendeu tudo o que precisava saber. E, ainda que soe elitista, a forma rápida de fazer essa avaliação é verificar o quanto a pessoa estudou sobre o assunto. O que basicamente quer dizer que títulos e que experiência de trabalho ela tem na área. E, como estamos falando de dúvidas reais, sobre assuntos que a maioria das pessoas não conhece, não basta ser pouco estudo. Ter feito faculdade em um determinado assunto habilita a pessoa a trabalhar com o problema, fornecendo as informações básicas. Isso se a faculdade for boa. No exemplo dos remédios, ter se formado médico qualifica a pessoa a saber interpretar sintomas e fornecer opiniões bem formadas sobre o que pode estar errado e como consertar a saúde de alguém. Mas as informações necessárias para se fazer pesquisa, descobrir conhecimentos novos e os avaliar, comparando com as alternativas, em geral, só são transmitidas em pós-graduações. Um médico não costuma saber avaliar novos medicamentos e precisa da literatura da área para fazê-lo. Literatura essa que é escrita, em sua maior parte, por pesquisadores, doutores, assim como estudantes de pós-graduação sob a supervisão de doutores já bem formados.

Vale a pena, portanto, sempre procurar ouvir as pessoas mais qualificadas de cada área, ignorando as demais. Não por qualquer motivo elitista, mas simplesmente pelo fato de que já geramos conhecimento demais e apenas alguém que tenha se dedicado a aprender esse conhecimento por anos e décadas terá uma chance boa de realmente conhecer o assunto.

Infelizmente, apenas ter os diplomas não é uma garantia de que a pessoa realmente conheça a área. Há incompetentes em todos os níveis e instituições. Mas se queremos saber qual a melhor resposta atual para um problema, se houver algo próximo a um consenso entre os cientistas da área, essa é a nossa resposta. Que pode eventualmente estar errada, mas será necessário alguém que conheça muito bem os detalhes da área para ser capaz de descobrir tal erro. O resto é apenas palpite mal-informado.

* * *

Há outras comparações que podem esclarecer por que a ciência nos fornece respostas que, enquanto não certezas, são as mais confiáveis. Lembremos que estamos trabalhando há milênios no desenvolvimento de nossas ferramentas de raciocínio e análise. Um trabalho similar existe em diversas áreas da tecnologia e vale a pena nos perguntar o que esperamos nessas situações.

Pegue, por exemplo, uma corrida de automóveis. Suponha que você conhece um engenheiro brilhante, a pessoa mais inteligente que você já encontrou. Mas ele trabalhou apenas com a tecnologia de um século atrás, quando os carros eram bem primitivos e lentos. Nunca se informou sobre os avanços de motores, freios, materiais, nada que tenha menos de um século. E ele resolve competir contra os carros mais modernos numa corrida profissional de ponta. Não importa o quão brilhante aquele engenheiro antigo seja. Não há a menor chance de que ele crie um carro mais rápido ou mais seguro do que os modelos que vemos hoje nas pistas de corrida. Isso não quer dizer que o antigo engenheiro não saiba nada. Se alguém tiver um carro antigo, ele pode ser a pessoa mais indicada para o reparo, por exemplo. Mas o objetivo em uma corrida é ser o mais rápido possível. E muito foi aprendido sobre como ser o mais rápido no último século.

Argumentos de que há um conhecimento tradicional não estão errados ao afirmar que pode haver conhecimento relevante nas antigas ideias. Mas, se temos avanços mais modernos, formas aprimoradas de lidar com o mesmo problema, selecionadas com o passar do tempo por critérios conhecidos, é natural que essas formas sejam mais eficientes naqueles critérios. Um mestre de artes marciais pode ser imbatível dentro de sua arte marcial. Mas, desde a invenção da pólvora, a aplicação de sua arte em campos de batalha se tornou cada vez mais limitada. Um grupo de exímios espadachins não derrotaria uma coluna de tanques ou um grupo de helicópteros armados com metralhadoras, não importa o que digam os sonhos mais amalucados dos roteiristas de filmes de Hollywood.

Mesmo que esses espadachins sejam guerreiros muito melhores do que os soldados a bordo dos tanques e helicópteros, as ferramentas mais novas foram criadas para guerra e aumentam em muito a capacidade de quem as usa. É essa a função do conhecimento científico. Ele foi ajustado por milênios para encontrar erros e substituir ideias que não descrevem bem o mundo por outras que o descrevam melhor. Podemos entrar em argumentos filosóficos sérios e corretos sobre se a ciência nos leva a verdade e não conseguiremos responder essa pergunta. Mas sabemos que as ideias e ferramentas da ciência têm evoluído para uma descrição melhorada. E, portanto, é natural que quaisquer alternativas, que não foram selecionadas pelos mesmos critérios e sim para respeitar ideias anteriores, sejam necessariamente menos confiáveis.

* * *

Isso responde, ao menos em parte, a questão sobre em quem devemos confiar. Em primeiro lugar, quando existir, no consenso dos principais cientistas da área. Não existindo, vale ouvir aqueles que são considerados os principais pesquisadores de uma área. Desconfiar de suas posições finais é correto, mas eles certamente conhecem o problema muito melhor do que nós. Em especial, os erros de raciocínio e análise que eles apontarem valem a pena ser conhecidos. Porque costumam, de fato, ser erros. Lembro que quando eu era novo alguém me disse que se você quer saber a verdade sobre um sistema político, um bom começo é ouvir os oponentes daquele sistema e retirar exageros. Identificação de erros pode ser bastante informativa. Havendo várias posições, pode ser realmente difícil afirmar qual descreve melhor o mundo. Devemos admitir a incerteza mesmo sendo especialistas. Não sendo, a incerteza é certamente maior.

Especialistas que admitem os limites de seu próprio conhecimento também são mais recomendáveis do que aqueles que emitem certezas em assuntos nos quais há dúvida. É claro que há questões em que estamos tão próximos à certeza quanto possível. A Terra é aproximadamente uma esfera, e não plana. Vacinas salvam vidas. Há consenso entre todas as partes sérias e nenhum debate entre essas. Mas, havendo debate entre pesquisadores sérios, vale ouvir aqueles que dizem que há dúvidas e que deixam claro quais seriam essas dúvidas. Infelizmente, para saber quem é sério e quem é só um aloprado buscando atenção e dinheiro é preciso conhecer um pouco do problema.

Mas isso nos leva à melhor estratégia para identificar erros, ao menos os absurdos. Essa estratégia é saber o máximo possível. Já não é mais possível conhecer a fundo todas as áreas do conhecimento humano, infelizmente. Cada especialidade tem detalhes muito específicos e necessita de muitos anos de estudo. Mas conhecer os resultados básicos é possível, sim. Ter uma formação geral, que inclua os conceitos básicos de cada área da ciência deveria ser um objetivo comum a todos que nos preocupamos em saber as melhores respostas.

Esse esforço é algo que precisamos fazer em geral. Não apenas leigos, que precisam se esforçar para se manter informados. Mas também nós, os cientistas, temos que aceitar o trabalho de explicar nossos resultados de formas mais simples e nos dedicar mais a divulgação para o público não acadêmico. Os dois esforços são necessários e complementares. O público geral precisa perder o medo de assuntos que não compreende e aceitar realizar algum esforço. Mas os pesquisadores também precisam entender que é possível explicar nossas pesquisas em termos mais simples. Isso pode significar deixar detalhes de lado, claro, e se concentrar no que for essencial. Mas precisamos, e muito, de uma cultura na qual o conhecimento científico básico seja disseminado e esteja disponível para todos.

* * *

Finalmente, em tempos de cursos on-line, vale comentar que assistir a vídeos pode ajudar no seu conhecimento. Mas eles devem ser apenas um instrumento adicional em uma formação mais completa. Se tudo o que você faz é assistir vídeos indicados pelos seus influenciadores prediletos, você está preso dentro de sua bolha. Talvez dê sorte e tenha alguma informação relevante aí, mas isso é apenas pura sorte, mesmo.

Por outro lado, se você realmente procurou qual é o mínimo que uma pessoa deve saber em uma área e usa essas as ferramentas on-line para tirar dúvidas e ver outras formas de explicar, ótimo. Material complementar é certamente bem-vindo, se você já tiver desenvolvido um senso crítico mínimo para saber o que é bobagem e o que é sério. O problema é que esse senso crítico só costuma aparecer depois de você realmente conhecer uma área. Idealmente, isso significa fazer uma graduação e uma pós na área. Uma excelente graduação fornece as habilidades necessárias para aprender, mas essas faculdades são raras. Na falta de acesso à formação superior, você pode olhar ementas de cursos de boas universidades e quais são os livros indicados. Isso vai te fornecer um mínimo para discutir sem passar tanta vergonha. Idealmente, cada adulto deveria ter acesso a um orientador, que lhe indicaria o mínimo a estudar para poder prosseguir sozinho. E, sim, tudo isso dá trabalho. Ser capaz de discutir a sério sobre qualquer assunto cujo conhecimento de milhares de anos foi acumulado por inúmeras gerações é uma tarefa árdua, sem dúvida. A alternativa é abandonar a soberba e admitir que sabemos muito menos do que gostaríamos. E se comportar de acordo.

Regras para um raciocínio melhor (atualizadas!):

1. Não confie no raciocínio natural de ninguém sobre problemas que não são cotidianos.
2. Se você não é um especialista, sua opinião não vale nada.
3. Há vários motivos para errarmos.
4. Pensamos e raciocinamos para aceitar o que o nosso grupo exige ou para convencer os outros membros.
5. Uma maioria que concorda com você não é evidência de que você estaria certo.
6. Métodos matemáticos e lógicos exigem ideias consideradas verdadeiras para começar.
7. A Matemática é uma ferramenta de contar histórias com menos furos.
8. Ao fazer ciência, temos sempre de lidar com incertezas. Acreditar em descrições do mundo é cometer um erro.
9. Saiba qual pergunta você realmente quer responder.
10. Aprender exige sempre procurar onde erramos.
11. Escolhas relacionadas a conceitos morais são um direito. Não conhecemos formas de encontrar o certo nesse caso.
12. Ações devem depender de nossas preferências e de como elas vão realmente afetar o mundo.
13. Devemos buscar todas as possíveis explicações e verificar quais descrevem melhor o mundo.
14. Busque gente séria que discorde de você.
15. As ideias não têm culpa, pessoas que as defendem de forma desonesta têm.
16. Especialistas são as melhores fontes de informação; quanto mais tempo a pessoa tiver estudado, melhor. Procure aqueles que admitem os limites de seu conhecimento.
17. Nada supera ter algum conhecimento real sobre o assunto que se quer discutir.

Conversas
difíceis ∎

Antes de encerrar, vale a pena acrescentar alguns comentários sobre o que fazer quando conversamos com pessoas que discordam de nossas ideias. Abordar tais conversas não é o objetivo principal deste livro, mas elas são inevitáveis e, portanto, vale a pena lembrar alguns conselhos principais. Frequentemente, encontramos gente que tem opiniões muito diferentes das nossas e queremos convencer a outra pessoa de nosso ponto de vista. Nesse caso, a primeira questão que temos de responder não é sobre como convencer a pessoa nem como explicar o que pensamos. Antes de qualquer coisa, precisamos nos perguntar se realmente sabemos mais, se temos mais informações mesmo ou se há alguma diferença de opiniões em que pode de fato não ser possível determinar quem está correto.

Como já discutimos, há questões de que é possível discordar profundamente sem que seja necessário jamais vir a concordar. Se estamos falando de preferências e valores morais, em princípio, pode não haver como determinar o que é certo ou errado de forma absoluta. Dentro de um sistema moral específico, pode-se, sim, falar de certo e errado, uma vez que suas regras sejam respeitadas ou quebradas. E há alguns imperativos morais que, aparentemente, são comuns aos seres humanos. Poderíamos partir daí para algumas primeiras conclusões, claro. Mas esses imperativos mais gerais, como não matar ou causar dano sério, não respondem a todas as perguntas. Podemos discutir se a moral é relativa, se existe uma moral humana básica. Mas, existindo ou não alguns princípios básicos, há várias situações em que não há uma resposta clara. E pessoas diferentes podem ter diferenças distintas nesses casos.

Nesse caso, podemos encontrar situações nas quais existem diferenças de opinião sem que necessariamente alguém esteja errado. Ao menos de forma absoluta. Pode acontecer de cada pessoa considerar a outra errada dentro de seu conjunto de valores. Também é possível até julgarmos as escolhas da outra pessoa como repugnantes. É um direito nosso, mas, ainda assim, isso é um julgamento individual. Podemos conversar a respeito, tentar fazer o outro lado entender nosso ponto de vista. Mas, nesse tipo de conversa, é fundamental começar reconhecendo o fato de que estamos falando apenas de nossa opinião. Podemos ter sentimentos bem fortes sobre nossas preferências. Mas nossas conclusões vão depender das ideias básicas que aceitarmos. Mude uma dessas ideias e é como mudar uma das ideias básicas de uma teoria. As previsões das teorias podem mudar radicalmente, assim como as conclusões a partir de nossas ideias. Nossos sentimentos, por mais fortes que sejam, não são uma boa medida de quão correta seria uma opinião. Já vimos exemplos demais de como nos enganamos.

Quando discutimos a questão da criminalização do aborto, vimos que a decisão sobre se deveria ou não ser um crime depende não somente de se queremos impedir abortos. Esse desejo é central ao problema, claro. Mas, se for o caso, haverá ainda a questão de como tal desejo seria respeitado de forma mais eficiente. Queremos punir? Queremos apenas reduzir os casos? Há outras preferências conflitantes?

Assim que começamos a falar sobre o que fazer no mundo real, praticamente todo problema se torna bem mais complicado, com inúmeros fatores e consequências a serem considerados. Ou seja, mesmo que a conversa seja sobre nossas preferências, há sempre aspectos do mundo real que se misturam na hora de tomar decisões e ir para a prática. Na conversa apenas teórica sobre o que gostamos, sim, vale apenas o que sentimos. Mas reconhecer nossas incertezas, que existem mesmo nesse tipo de problema, é um passo fundamental para qualquer conversa honesta e bem conduzida.

* * *

Pode acontecer, ainda que raramente, que o assunto a ser discutido é algo sobre o qual realmente sabemos algo. Alguns de nós são especialistas em suas áreas de conhecimento e há questões cujas respostas são bem conhecidas, com poucas dúvidas restando. Além disso, todos nós sabemos sobre os fatos que observamos diretamente. Nossos sentidos podem nos enganar, é claro. Mesmo observações diretas podem estar erradas, mas, novamente, há várias situações em que podemos estar bem perto de ter certeza. Nessas situações, se alguém discorda de nós, faz sentido debater e, ao menos inicialmente, apresentar nossas ideias como algo que consideramos correto. Faz sentido querer corrigir outras pessoas, se estamos em uma situação em que temos razões realmente sólidas para concluir que nós estamos certos e as demais pessoas, erradas.

Ainda assim, inúmeros experimentos e observações mostram claramente que dizer apenas onde as outras pessoas erraram quase nunca tem o efeito desejado. Ao contrário, em geral, apontar erros torna as pessoas defensivas e faz com que seus cérebros procurem ativamente formas de justificar porque elas estão certas. Nós temos a ilusão de sermos seres racionais. E gostaríamos de acreditar que somos capazes de mudar de opinião apenas a partir de argumentos racionais e informações sobre o mundo. Mas esse tipo de mudança é bem mais rara do que gostaríamos.

Ao contrário, somos muito mais levados por nossas emoções. E isso é frequentemente explorado por indivíduos interessados apenas em convencer e não em encontrar boas respostas. O exemplo clássico, nesse caso, são os políticos que apelam aos medos de seus eleitores para convencê-los a mudar de ideia e votar neles. Apelos emocionais, mesmo quando baseados em falsidades e em manipulações tendem a ser muito mais efetivos do que argumentos racionais. Nós somos capazes de raciocinar, mas não somos racionais. Usamos nossas habilidades mais para racionalizar o que queremos acreditar do que para pensar seriamente.

Aqui, no entanto, queremos aprender formas de encontrar as melhores respostas e, quando as encontramos, explicar às demais pessoas por que aquelas são de fato respostas melhores. E manipulação emocional é exatamente o oposto de uma decisão baseada em razão e fatos. Ainda assim, é necessário entender que, ainda que não seja o objetivo, também não será nada útil entrar em conflito com as emoções daqueles com quem conversamos. E isso requer preparo para conversas difíceis.

Esse preparo não significa apenas entender bem o assunto a ser discutido. Isso é certamente uma parte de estar preparado. Se nós não entendemos algum tópico muito bem, não há por que achar que nossa opinião valha muito. Nesse caso, a conversa ainda pode acontecer, mas, se a outra pessoa não for um especialista também, nós não deveríamos esperar mais do que uma troca de palpites. Não há a necessidade de convencer, palpites tem uma chance alta de estarem errados, total ou parcialmente. E não há por que tentar convencer alguém de algo errado. Se o outro lado sabe muito mais do que nós, é o caso de nos deixarmos aprender e convencer. Mas quando somos nós que sabemos algo, saber explicar por que o que pensamos está correto é algo a fazer antes de a conversa começar.

Mas é melhor que a conversa não comece por aí. De forma a evitar os bloqueios emocionais que aparecem em conflitos, precisamos fazer com que o outro lado sinta que estamos realmente interessados em conversar, em escutar. Em geral, mesmo que as pessoas resistam e queiram defender suas ideias, elas estão dispostas a serem ouvidas e não têm problemas com pequenas dúvidas sobre o que elas pensam. Ao contrário, essas dúvidas podem ser importantes para entender o raciocínio por trás de suas opiniões, além de manifestar interesse pelo que elas têm a dizer. Escute, pergunte, se não der para criticar ou mesmo colocar dúvidas em uma primeira conversa, não o faça. É mais importante manter a possibilidade de trocar informações do que acabar com qualquer chance de convencimento futuro.

Esse pode ser um processo demorado, que leve vários encontros para gerar algum efeito. O objetivo deve ser apenas fazer a pessoa pensar sobre o que ela acredita. Em geral, mesmo com pessoas que sentimos ser nossos inimigos, se olhamos com cuidado, há muito em que concordamos. Identificar esses pontos, trabalhar a partir deles e ir aos poucos estabelecendo a confiança mútua pode eventualmente levar a uma discussão séria e honesta sobre os pontos de discordância. Discussão essa que não necessariamente precisa levar a um consenso. No que se refere a valores, pode não haver nenhuma opção além de respeitar escolhas diferentes. Mas é possível mudar algumas opiniões assim.

Mas, é claro, isso nem sempre é fácil. E todos nós, mesmo sabendo melhor, podemos lembrar de casos em que não agimos de forma conciliadora. Muito pelo contrário. Quando se sabe que uma determinada atitude, como, por exemplo, ser contra vacinas, vai levar a mortes, é difícil ficar neutro e não ter uma reação emocional. Mas, se o outro lado for apenas mal-informado, alguém que realmente gostaria de ter a melhor resposta, precisamos, sim, exercitar a paciência e conversar, ouvindo os argumentos, mesmo quando esses soarem elementares. Há muita gente bem-intencionada e com pouquíssimo acesso a informação de qualidade. Essas pessoas erram, mas não erram por maldade. Erram porque foram enganadas, intencionalmente ou não. Com paciência e escutando suas dúvidas e preocupações, é possível educar, mesmo que a pessoa ache que está certa e não esteja procurando novas informações. Uma situação dessas, no entanto, precisa de uma conversa direta, presencial. Seres humanos escutam melhor as pessoas que estão fisicamente presentes.

* * *

A situação muda completamente quando o nosso possível interlocutor não tem nenhuma disposição a uma conversa séria. Isso pode acontecer de duas formas. O primeiro caso, mais trivial, é o de pessoas que ativamente espalham mentiras para manipular outros, sem realmente nenhuma preocupação com a verdade. Nesse caso, não há o que fazer nem porque sequer conversar. Responder a esse tipo de gente apenas aumenta o alcance das tolices que estão dizendo. Nosso instinto básico pode sugerir ofensas. E, de fato, se a pessoa é desoneste a manipuladora, ofensas seriam apropriadas e corretas. Mas isso também aumenta a exposição da pessoa e permite que ela passe por vítima de nossos ataques. Resta o silêncio, ignorar tais pessoas, deixando claro que não respondemos por que elas sequer fazem comentários relevantes. E, talvez, se realmente necessário, o uso de humor e escárnio pode ser mais eficiente do que qualquer debate real. Manipuladores sem compromisso com a verdade não vão debater de forma honesta. Não há por que oferecer a eles mais um palanque. Infelizmente, se eles se tornarem grandes demais, com posições importantes o suficiente que seja possível ignorá-los, ainda não sabemos bem como responder. Pessoas em posição de poder podem influenciar aqueles com menos informação de qualidade. O que sugere que deveríamos corrigir o que dizem. Meu palpite é que poderia ser melhor divulgar as informações corretas e sérias, apontar o que se sabe e onde estão as dúvidas reais, mas sem interagir, sem nomear os mentirosos. Ao menos, quando possível. Mas isso é só um palpite.

E há um segundo caso em que o interlocutor não conversa a sério. E este acontece quando a pessoa está tão convencida de que tem razão que nenhum argumento ou informação seriam capazes de mudar seu ponto de vista. Debates com criacionistas, que duvidam da evolução das espécies e se negam a aceitar a enorme quantidade de evidências de que a evolução é real, que a Terra tem bilhões de anos e assim por diante caem nessa categoria. Neste caso, podemos encontrar pessoas que não acham que estão mentindo e que não pretendem manipular ninguém. Elas apenas realmente acreditam no que dizem e seus cérebros distorcem todas as informações que recebem de forma a defender as conclusões que já escolheram.

Nós vimos aqui que isso é uma forma normal de operação de nossos cérebros. Nós gostaríamos de pensar que somos racionais, que analisamos toda a informação e só então concluímos algo corretamente. Ao contrário, muitas vezes escolhemos nossa conclusão e procuramos formas de apoiá-la, independente de ela estar certa ou não. E isso não é indício de problemas nem de caráter nem de incapacidade intelectual. Ao contrário. Até mesmo os nossos melhores pensadores comentem e cometeram esse tipo de erro. Debater, neste caso, pode também ser inútil, se formos debater diretamente aqueles pontos sobe os quais a pessoa já escolheu a resposta. Mesmo bem-intencionadas, apenas veremos uma série de manipulações intelectuais e não será possível convencer ou ensinar a outra parte sobre os problemas com suas conclusões.

Mas isso não quer dizer que, neste caso, o diálogo seja impossível. Como no caso de Daryl Davis e suas conversas com membros da Ku Klux Klan, uma abordagem direta pode ser realmente impossível e contraproducente. Chamar o outro lado de racista, mesmo sendo verdade, não vai iniciar uma conversa. Apontar os erros de ser racista provavelmente também não terá efeito algum. A conversa precisa começar de pontos mais básicos. No caso de Daryl Davis, ele apenas conversava com seus interlocutores racistas e permitia que eles vissem que ele, um homem negro, era uma pessoa igual a todas aquelas que os membros da KKK conheciam. Que não havia motivos para terem medo dele nem para considerá-lo inferior, que tudo que eles haviam ouvido falar estava errado. Ao permitir que seus interlocutores observassem isso eles mesmos, Davis era capaz de mudar atitudes que, em geral, consideramos imutáveis.

* * *

Essa é uma estratégia que pode funcionar muito bem quando o assunto é algo que as pessoas têm a capacidade de observar e entender sem nenhuma informação adicional. Mas quando falamos de conclusões científicas que não são fatos observados diretamente, a conversa pode ficar mais difícil. Mesmo que a questão seja tão simples quanto afirmar que a Terra não é plana, não há como conversar lentamente até que a pessoa enxergue os fatos. Há muitos fatos que não conseguimos observar diretamente, mas que são tão bem estabelecidos que, para duvidar deles, só acreditando em gigantescas e completamente improváveis conspirações ou numa loucura coletiva.

Há situações que, para corrigir de forma efetiva, é necessário aprender um básico antes. Para entendermos por que podemos dizer que vacinas são efetivas e muito mais seguras do que ficar não vacinado, precisamos entender como os estudos são feitos. Isso envolve aprender muitos conceitos. As primeiras ideias, mais fundamentais, sobre raciocínio científico, eu procurei apresentar aqui. Mas há ainda muito mais, este livro é uma introdução ao problema, o básico que precisa ser compreendido antes de alguém estudar metodologia. No caso das vacinas, é fundamental entender sobre placebos, sobre o que são estudos experimentais e porque são necessários nesse caso, sobre como realizar estudos duplo-cego, como interpretar dados corretamente, como fazer inferências a partir de dados, e assim por diante.

Resta, então, começarmos a educar melhor a todos, crianças e adultos. Ensinar por que erramos e como confiar em nossos amigos e pessoas que concordam conosco não ajuda em nada. Nas conversas difíceis, desistir do tema que nos levou a começar o diálogo pode ser necessário. Sem uma compreensão clara de que precisamos procurar nossos próprios erros, que devemos desconfiar profundamente de nossas opiniões, sem entender que precisamos de ferramentas para aprender sobre o mundo e que nossos sentimentos nos enganam, sem saber cada uma dessas lições, a pessoa com quem estamos conversando dificilmente vai mudar de ideia. Mesmo sendo honesta, sem uma compreensão sobre nossa cognição e sobre a importância de procurarmos nossos próprios erros, qualquer um de nós fica sujeito às manipulações feitas por nossos cérebros. Vamos lutar para pertencer a nossos grupos, defendendo ideias, mesmo que digamos querer a verdade.

Ou seja, a conversa difícil deve começar em tópicos sobre como podemos saber algo e como nossas mentes nos enganam. Quando cientistas discutiram com criacionistas, a discussão foi inútil. Ela deveria ser precedida de uma discussão muito mais fundamental. Não sobre se o criacionismo está certo. A primeira discussão deveria ser sobre como podemos dizer que achamos que algo está certo, como lidar com os erros inevitáveis, como entender a incerteza. E, também, como lidar com nós mesmos. Porque nossas emoções e nosso lado racionalizador são muitas vezes nosso maior adversário na busca pelas melhores respostas.

Regras para um raciocínio melhor (atualizadas!):

1. Não confie no raciocínio natural de ninguém sobre problemas que não são cotidianos.
2. Se você não é um especialista, sua opinião não vale nada.
3. Há vários motivos para errarmos.
4. Pensamos e raciocinamos para aceitar o que o nosso grupo exige ou para convencer os outros membros.
5. Uma maioria que concorda com você não é evidência de que você estaria certo.
6. Métodos matemáticos e lógicos exigem ideias consideradas verdadeiras para começar.
7. A Matemática é uma ferramenta de contar histórias com menos furos.
8. Ao fazer ciência, temos sempre de lidar com incertezas. Acreditar em descrições do mundo é cometer um erro.
9. Saiba qual pergunta você realmente quer responder.
10. Aprender exige sempre procurar onde erramos.
11. Escolhas relacionadas a conceitos morais são um direito. Não conhecemos formas de encontrar o certo nesse caso.
12. Ações devem depender de nossas preferências e de como elas vão realmente afetar o mundo.
13. Devemos buscar todas as possíveis explicações e verificar quais descrevem melhor o mundo.
14. Busque gente séria que discorde de você.
15. As ideias não têm culpa, pessoas que as defendem de forma desonesta têm.
16. Especialistas que admitem os limites de seu conhecimento são as melhores fontes de informação; quanto mais tempo a pessoa tiver estudado, melhor.
17. Nada supera ter algum conhecimento real sobre o assunto que se quer discutir.
18. Em conversas difíceis, pode ser necessário começar do básico: como podemos aprender sobre o mundo.

Conclusão ■

    Nós, seres humanos, costumamos dizer que somos animais racionais. No entanto, ainda que sejamos, de fato, capazes de raciocinar, essa não é a melhor descrição de nossas habilidades mentais. Cometemos erros demais, se o objetivo for encontrar melhores respostas. Por outro lado, somos muito competentes em justificar nossas preferências. Reinterpretamos dados, contamos histórias e enganamos até a nós mesmos. Nós racionalizamos, procuramos razões que apoiem aquelas preferências. Um ser verdadeiramente racional não escolheria ideias. Ao contrário, deixaria se convencer por argumentos e fatos e, a partir desses, formaria uma opinião final. Nós seguimos o caminho oposto, buscando argumentos que apoiem o que já decidimos, frequentemente com bases não mais sólidas do que a pressão social de amigos e/ou família.

    Queremos acreditar. Mas acreditar, aparentemente, liga em nossos cérebros uma série de mecanismos de defesa que existem para atrapalhar a troca correta de ideias. E isso significa que demoramos mais a aprender nossos erros e a escapar de ideias erradas. Em alguns casos, podemos até mesmo nos tornar basicamente incapazes de aprender. De um ponto de vista cognitivo, acreditar em qualquer descrição sobre o mundo é uma má ideia. Podemos ainda ter princípios morais que defendemos, porque esses são nossos direitos. Mas não declarações sobre o que não podemos controlar.

    Nós criamos várias ferramentas para lidar com nossos limites intelectuais. Lógica, Matemática, experimentação, replicação de resultados, métodos indutivos – a lista é grande e estamos sempre adicionando novos métodos e aperfeiçoando os velhos. Mas, mesmo aqui, não encontramos nenhuma justificativa para acreditar em descrições do mundo real. Podemos, sim, usar métodos dedutivos e matemáticos para provar afirmações. Mas essas provas só valem a partir das ideias que assumimos inicialmente como verdadeiras.

Não há dúvidas nas provas, mas não temos como ter certeza de que as ideias usadas sejam de fato verdade. Podemos observar se as previsões se confirmam. Mas isso apenas nos diz que o mundo se comporta de forma compatível com nossas teorias. Alguma dúvida, ainda que, por vezes, pequena, permanece. E, havendo uma dúvida pequena, somada ao que observamos sobre nossos cérebros, fica claro que crenças sobre como é o mundo devem ser evitadas. Elas não têm apoio lógico e nos atrapalham.

O fato de que sempre sobra algum nível de dúvida, no entanto, não é o mesmo que dizer que não sabemos nada. Ao contrário, podemos sim verificar quais ideias descrevem o mundo melhor. E podemos classificar ideais e teorias como mais ou menos prováveis de acordo com a qualidade de suas descrições. Há muitas dificuldades técnicas. Em casos reais, isso pode ser tão difícil de ser feito que os nossos limites intelectuais apenas acrescentam dúvidas a um problema onde não temos certezas. Mas há outras situações em que basicamente sabemos que uma ideia está errada. A teoria da Relatividade de Einstein descreve o comportamento dos corpos no espaço muito melhor que a gravitação de Newton. Basicamente não há dúvidas sobre isso. E a gravitação de Newton, ao menos na sua forma original, está errada, sim. Ou seja, a teoria de Einstein é nossa melhor teoria hoje para explicar como o universo se move. Mas isso não quer dizer que não possa vir a ser trocada, eventualmente, por uma outra teoria ainda melhor. Da mesma forma, já realizamos testes o bastante para saber que várias das práticas de medicina alternativa não funcionam, que astrologia não prediz nada nem tem efeito em personalidades, e assim por diante. Nunca chegamos perto de certezas sobre o que é certo, sempre podemos obter uma teoria ainda melhor no futuro. Mas chegamos muito perto de certezas sobre ideias que simplesmente não funcionam. Há muitas teorias e descrições que podemos chamar de erradas.

* * *

Ainda assim, nós observamos que várias dessas teorias reconhecidamente erradas ainda são defendidas por várias pessoas. Isso acontece tanto por falta de conhecimento como, dependendo da pessoa, simplesmente porque essa defesa traz benefícios. Esses benefícios são frequentemente monetários, mas podem ser apenas ganhos mais sutis como respeito dentro de seu grupo. O problema, para o leigo, é que há vários casos em que existe dúvida razoável. Simplesmente observar que há pessoas com opiniões diferentes não significa que todas as opiniões sejam razoáveis. É possível que apenas uma das alternativas que conhecemos seja justificada. Em outros casos, é também possível que haja uma situação de dúvida real.

Numa situação dessas, nossa tendência natural é buscar respostas com quem confiamos. Isso soa como uma boa ideia, afinal, esperamos que haja menor chance de que as pessoas em quem confiamos mintam para nós. Nós falhamos nas nossas avaliações sobre em quem confiar, claro. Mas, mesmo que nunca cometêssemos um erro na avaliação da honestidade de alguém, ainda teríamos um problema sério. Uma pessoa confiável e honesta vai nos dizer o que ela realmente pensa, não uma mentira. Mas o fato de que ela acredita que sua opinião está correta não quer dizer que essa opinião realmente tenha algum fundamento. E pessoas em quem confiamos são, frequentemente, parecidas demais com nós mesmos. Suas opiniões tendem a ser as mesmas que as nossas e, portanto, ao procurar alguém em quem confiamos, estamos quase apenas confirmando nossa opinião através de uma cópia do que já pensamos. O que não é confirmação, de forma alguma.

Isso acontece por diversos fatores. Proximidade social, pertencer ao mesmo grupo, ter acesso à mesma educação, tudo isso já contribuiria para que as pessoas em quem confiamos pensassem de forma similar a nós. Mas as pessoas também se influenciam. Se você confia em alguém, frequentemente já esteve em contato com as opiniões dessa pessoa antes. E, portanto, ela já influenciou você. Se essa pessoa conhece você também e não é apenas um ídolo, se vocês já conversaram, ela provavelmente também já foi influenciada pelos seus argumentos. Se for uma pessoa pública que não conhece você, essa influência reversa pode nunca ter acontecido. Mas pessoas públicas influenciam muitas outras e há boas chances que, no seu círculo social, você tenha vários amigos influenciados pela mesma figura pública. Afinal, alguém disse a você que aquela pessoa seria confiável.

Como se não bastasse toda a nossa tendência a concordar com as pessoas em nosso grupo, hoje em dia é trivialmente fácil usar as redes sociais para encontrar pessoas que já concordam conosco, mesmo que todos os nossos conhecidos discordem. Podemos alterar nossas redes de contato, minimizando a exposição a opiniões diferentes e aumentado a proporção daqueles que pensam como nós. Vivemos em bolhas que pensam como nós, influenciando nossos contatos e sendo influenciadas por eles. Ouvir de alguém dentro de nossas bolhas que nossas opiniões estariam certas é bem pouco melhor do que saber que nós concordamos com nós mesmos.

* * *

Para escolher de fontes de informação confiáveis, temos, portanto, de sair de nossas bolhas. E isso quer dizer mais do que procurar desconhecidos que soem corretos. Ao procurar alguém que soe correto, estaríamos apenas procurando outras pessoas que cabem na mesma bolha. Ao contrário, o critério mais importante deveria ser o da seriedade. Alguém que fala o que queremos ouvir, mas sabidamente fala muita bobagem, é uma péssima fonte de informações. Alguém reconhecido como honesto e competente e que discorde de nós, por outro lado, é uma fonte bastante valiosa, pois apresentará motivos para duvidarmos de nossas ideias. Lembre-se, se queremos estar certos, o truque é procurar ativamente por erros. Se nossa opinião estiver correta, ela deve sobreviver a ataques e sair ainda mais forte. Se não estiver, melhor mudá-la. Em ambos os casos, apenas ganhamos por testá-las a sério.

Vale a pena, portanto, procurar por fontes confiáveis que sejam pessoas fora de nossos círculos sociais. De preferência, especialistas indicados por pessoas com quem não concordamos. Mas isso ainda leva ao problema de saber em quem confiar. Afinal, podemos estar enganados. Mas as pessoas que discordam de nós também. Os problemas que vimos aqui valem para nós e valem para os outros. A minha ênfase em nós mesmos existe apenas porque é trivial aceitar que os outros erram e muito e bastante difícil realmente reconhecer que nós também. De qualquer forma, se nossas fontes não são confiáveis, as de nossos oponentes também não são.

Resta procurar saber quem são as pessoas que mais estudaram o assunto que nos interessa. E, dentre essas, quais são consideradas mais sérias e melhores. Não pela população em geral, que não sabe julgar competência no que não conhece. Mas por aqueles que realmente estudaram o assunto. Diplomas e títulos deveriam não significar nada. E, em um debate entre pessoas que conhece profundamente bem um assunto, eles, de fato, não significam. Mas, para os leigos, a existência desses papéis acaba servindo de heurística. São pistas sobre a qualidade. Como qualquer pista, podem estar erradas. Mas é melhor ter pistas incertas do que nada.

Tente também nunca ter apenas uma fonte de informação para assuntos em que ainda existam debates sérios. Nesse caso, vale começar identificando quais são as críticas que cada lado faz a seus oponentes. E quem são os debatedores mais honestos, que admitem as limitações de sua própria opinião. Fuja de excesso falso de confiança. Há, sim, pessoas que sabem muito, sabem que sabem muito mais do que um leigo, mas, ainda assim, também sabem e admitem abertamente que seu conhecimento é limitado. E ignore o que vem de amigos e parentes que não são especialistas. Precisamos entender que, se muitos cientistas continuam debatendo, não são os leigos, que não passaram a vida inteira estudando aquele problema, que vão encontrar a resposta certa. Seria como se uma pessoa tivesse aprendido apenas a boiar e, após uns poucos dias treinando braçadas bem-sucedidas resolvesse ir à Olimpíada, participar de provas de natação. Anos de treino fazem muita diferença. Mesmo que a pessoa tenha um talento natural para nadar, apenas passaria vergonha.

O que nos leva à nossa última conclusão. Consultar especialistas é inevitável. Sempre haverá assuntos que não dominamos e para os quais dependemos do conhecimento de outros. Mas, se há algum tópico que julgamos muito importante em nossas vidas, há apenas um caminho para saber quais especialistas ouvir. E esse caminho é aprender. Começa por aprender nossos limites e a necessidade do uso de ferramentas para lidar com nossas limitações, como fizemos aqui. Continua com o estudo das ferramentas que apenas apresentei brevemente aqui. Métodos lógicos, problemas filosóficos, matemática, uma formação básica deveria incluir ao menos o básico de cada uma dessas áreas. E, conforme queremos sair de pensamentos abstratos e entrar no mundo real, precisamos aprender a interpretar dados e como realizar observações e experimentos que nos digam algo sobre o mundo. Há bastante a se aprender inclusive sobre o que cada tipo de informação pode nos contar e quais as limitações no que podemos aprender em cada caso. A partir de uma base sólida sobre como raciocinar e como aprender sobre o mundo, mergulhe na área que interessa a você. Cada campo do conhecimento tem seus detalhes e suas armadilhas e um especialista precisa conhecer esses erros a fundo. Isso não vai transformar suas opiniões em certezas. Mas vai melhorar suas chances de não errar feio.

* * *

Fazer ciência, aprender como o mundo é da forma mais eficiente possível, exige conhecimento, saber quais as melhores ferramentas disponíveis hoje e utilizá-las. Mas, antes mesmo dos aspectos técnicos, há comportamentos básicos que são fundamentais se queremos poder confiar em nossas próprias conclusões. Em especial, precisamos aprender que podemos usar nosso raciocínio natural para procurar e criar ideias. E, com algum cuidado, lidar com problemas normais do dia a dia. Mas se queremos estimar quais ideias ou teorias descrevem melhor o mundo, devemos deixar nosso próprio raciocínio natural de lado. E aceitar que ou utilizamos as melhores técnicas estatísticas, probabilísticas e de preparo de experimentos para obter um palpite sólido, ou só podemos ter dúvidas. Nossas dúvidas são tantas que a ciência, quando feita corretamente, não é sobre achar as respostas corretas com certeza. É sobre lidar com a incerteza, que, às vezes, pode, sim, ser pequena. A melhor prática exige que sempre procuremos erros. Fazer ciência não é sobre buscar razões pelas quais uma ideia estaria certa. É tentar encontrar evidências de que toda e qualquer ideia está errada. E ver quais ainda funcionam bem ao final. Por vezes, várias ideias sobrevivem e continuamos sem saber. Querer saber não justifica escolher uma explicação favorita. Em vez de defender ideias, deveríamos sempre procurar porque nossas opiniões e melhores teorias podem estar erradas. Boas ideias vão sobreviver. Mas nunca saberíamos se elas são boas se não tentarmos mostrar que estão erradas primeiro.

Notas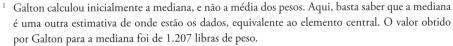

[1] Galton calculou inicialmente a mediana, e não a média dos pesos. Aqui, basta saber que a mediana é uma outra estimativa de onde estão os dados, equivalente ao elemento central. O valor obtido por Galton para a mediana foi de 1.207 libras de peso.
[2] E provavelmente ainda somos, na maioria dos ambientes que frequentamos, criados pelas mesmas regras de concordância e respeito à tradição dos antigos.
[3] Vale lembrar o leitor menos atraído pela Matemática que, ao explicar algumas características da área e como ela funciona, nenhuma conta será feita aqui.
[4] Ao menos, é a ideia geral. Há, obviamente, situações em que a matemática é tão difícil que ainda não descobrimos formas completamente confiáveis de se obter resultados.
[5] A discussão sobre se esse mundo é a realidade última está além do escopo deste livro. Aqui, assumo que real é apenas um termo para o que nós observamos, para o mundo onde percebemos que vivemos.
[6] Na verdade, esta frase é apenas um resumo do que ele realmente disse.
[7] E, também, para termos alguma ideia de quão confiáveis cientistas e especialistas de uma área realmente são.
[8] Esse é um relato baseado apenas em minha memória. Não guardei um registro da conversa e, portanto, posso ter alterado detalhes do que realmente aconteceu, como é comum acontecer em memórias.

Bibliografia comentada

ASCH, S. Opinions and social pressure. *Scientific American*, November, pp. 31-35, 1955.
   Artigo clássico sobre como a influência social pode nos levar a errar até mesmo em problemas fáceis.

BARON, J. *Thinking and Deciding*. Cambridge: Cambridge University Press, 2007.
   Livro com muitos detalhes sobre como raciocinamos e sobre questões de lógica e probabilidade.

CLAASSEN, Ryan L.; ENSLEY, Michael J. Motivated Reasoning and Yard-Sign-Stealing Partisans: Mine Is A Likable Rogue, Yours Is A Degenerate Criminal. *Political Behavior*, pp. 1-19, 2015.
   Artigo sobre como nossos julgamentos morais são profundamente afetados por nossas ideologias.

EUCLIDES. *Os elementos*. São Paulo: Unesp, 2009.
   Um candidato ao título de livro mais importante da história da humanidade. Euclides introduz a ideia de usar axiomas básicos e definições para, a partir daí, demonstrar as propriedades de toda uma área da Matemática.

GIGERENZER, Gerd; TODD, Peter M.; The ABC Research Group. *Simple Heuristics That Make Us Smart*. Oxford: Oxford University Press, 2000.
   Um livro sobre as pequenas regras que usamos para gastar menos tempo pensando e como elas podem ser surpreendentemente eficientes, ainda que não perfeitas.

HACKING, Ian. *An Introduction to Probability and Inductive Logic*. Cambridge: Cambridge University Press, 2001.
   Uma introdução clara ao raciocínio probabilístico e sobre como funciona a Lógica indutiva.

JANIS, Irving L. *Victims of Groupthink:* A psychological Study of Foreign Policy Decisions and Fiascoes. Boston: Houghton Mifflin Company, 1972.
   Um trabalho clássico sobre os problemas de tomadas de decisão em grupos.

JAYNES, E.T. *Probability Theory:* The Logic of Science. Cambridge: Cambridge University Press, 2003.
   Uma introdução acessível a métodos probabilísticos como uma extensão da Lógica clássica.

KAHAN, Dan M. Ideology, Motivated Reasoning, and Cognitive Reflection. *Judgment and Decision Making*, v. 8, pp. 407-424, 2013.
   Esse artigo do Kahan descreve experimentos muito interessantes que mostram que defendemos nossas ideias mesmo distorcendo os fatos e que isso acontece nos diferentes lados do espectro político.

KAHAN, DAN M.; PETERS, E.; DAWSON, E.C.; SLOVIC, P. Motivated Numeracy and Enlightened Self-Government. *Behavioural Public Policy*, v. 1, n. 1, pp. 54-86, 2017.
   Esse artigo mostra como ser mais inteligente e preparado pode não ajudar a evitar os erros de nosso raciocínio natural.

MARTINS, André C. R. Thou Shalt Not Take Sides: Cognition, Logic and the Need For Changing How We Believe. *Frontiers in Physics*, v. 4, n. 7, 2016.
Meu artigo sobre como nossas crenças nos prejudicam e o fato de não terem nenhuma sólida base lógica.

MARTINS, André C. R. *Arguments, Cognition, and Science:* Need and Consequences of Probabilistic Induction in Science. London: Rowman & Littleeld, 2020.
Meu livro em que discuto mais a fundo as conexões entre Lógica probabilística, nosso raciocínio natural e como devemos fazer ciência,

MERCIER, Hugo; SPERBER, Dan. *The Enigma of Reason*. Boston: Harvard University Press, 2017.
Uma excelente introdução à conclusão de que raciocinamos e argumentamos para pertencer aos nossos grupos, e não necessariamente para encontrar as melhores respostas.

NICKERSON, Raymond S. Confirmation Bias: A Ubiquitous Phenomenon in Many Guises. *Review of General Psychology*, v. 2, n. 2, pp. 175-220, 1998.
Artigo que introduziu o conceito de viés de confirmação.

OSKAMP, Stuart. Overconfidence in Case-Study Judgments. *Journal of Consulting Psychology*, v. 29, n. 3, pp. 261-265, 1965.
Um dos artigos básicos sobre nosso excesso de confiança.

POPPER, Karl. *The Logic of Scientific Discovery*. London: Hutchinson, 1959.
Um dos livros mais influentes sobre como fazemos ciência e os limites dessa atividade.

O autor

André C. R. Martins é professor na Escola de Artes, Ciências e Humanidades da Universidade de São Paulo (EACH – USP) desde 2005. Coordenou a criação da primeira pós-graduação da EACH, o mestrado em Modelagem de Sistemas Complexos. Físico de formação, é pesquisador nas áreas de sistemas complexos, dinâmica de opiniões, modelos evolucionários, indução probabilística e vieses cognitivos, entre outros assuntos.

GRÁFICA PAYM
Tel. [11] 4392-3344
paym@graficapaym.com.br